移动互联网开发技术丛书

iOS开发
快速进阶与实战

黄新宇 著

U0235966

清华大学出版社

北京

内 容 简 介

本书偏向于 iOS 应用的实际开发，介绍了 iOS 开发过程中的技术实现方案和原理，包含基本知识、底层常用技术原理、开发技巧，以及技能扩展等各方面，其中大部分章节以实际项目开发中常见的问题为背景，内容阐述方式包括介绍原理、对比技术方案、实际应用、引导读者思维等，并在每一章最后部分归纳总结本章的重点内容。

本书既可以作为高等学校计算机软件技术课程的教材，也可以作为企业 iOS 开发人员的技术参考书。

图书在版编目(CIP)数据

iOS 开发快速进阶与实战/黄新宇著. —北京：清华大学出版社，2018 (2018.11重印)
(移动互联网开发技术丛书)
ISBN 978-7-302-50385-9

Ⅰ. ①i… Ⅱ. ①黄… Ⅲ. ①移动终端－应用程序－程序设计 Ⅳ. ①TN929.53

中国版本图书馆 CIP 数据核字(2018)第 122958 号

责任编辑：付弘宇　薛　阳
封面设计：刘　键
责任校对：李建庄
责任印制：丛怀宇

出版发行：清华大学出版社
　　　　网　　址：http://www.tup.com.cn，http://www.wqbook.com
　　　　地　　址：北京清华大学学研大厦 A 座　　　　邮　　编：100084
　　　　社 总 机：010-62770175　　　　　　　　　　邮　　购：010-62786544
　　　　投稿与读者服务：010-62776969，c-service@tup.tsinghua.edu.cn
　　　　质量反馈：010-62772015，zhiliang@tup.tsinghua.edu.cn
　　　　课件下载：http://www.tup.com.cn，010-62795954
印 装 者：北京嘉实印刷有限公司
经　　销：全国新华书店
开　　本：185mm×260mm　　印　　张：12.25　　　　字　　数：294 千字
版　　次：2018 年 8 月第 1 版　　　　　　　　　　印　　次：2018 年 11 月第 2 次印刷
印　　数：1501～3000
定　　价：49.00 元

产品编号：074360-01

前言
FOREWORD

成书背景

移动互联网经过近几年的快速发展,已日趋成熟稳定,在极大方便人们生活的同时,也正在悄悄改变人们的生活方式。互联网现已从 PC 端逐步划分出移动端的大群体,手机也不仅局限于其传统打电话发短信等基本功能,高速上网更满足当代人的生活需求。由上网衍生出来的手机功能包括即时通信、新闻资讯、视听娱乐、游戏、支付转账、生活工具等,这些都是移动互联网的代表领域,其中不乏有很多知名的应用为大众所知。

智能手机的发展也一直在接受移动互联网发展的检验,从发展之初的 Windows Mobile (Windows Phone 前身),到塞班、黑莓,再到现在的 iOS、安卓、Windows Phone,智能手机在发展之初无时无刻不经历着大风大浪,或许今年还是非常受欢迎的操作系统,明年市场份额就所剩无几。就目前而言,移动端操作系统主要分为 iOS 和安卓,这两者现今几乎占据了全部智能手机的市场份额,移动应用大部分只会考虑这两个方向。

iPhone 自问世之初,一直以惊艳闻名,在随后智能手机发展的过程中,也一直引领设计和硬件功能的创新,不仅于此,iPhone 的用户体验和操作系统的流畅度一直是被用户喜爱的主要原因。

开发 iPhone 应用称为 iOS 开发,不是对其操作系统的开发,而是开发基于 iOS 系统运行的应用程序。对于 iOS 开发,有 Objective-C 和 Swift 两种语言,但仅仅是在语法和编程方式上有较明显的差异,其主要实现方式往往没有太大的区别。

关于本书

本书是按照章节进行大致划分,内容之间没有依赖顺序关系,每一节的知识点都是相互独立的,读者可以根据自身情况进行选读和跳读。

本书内容主要包括三个方面:一是以开发中遇到的实际问题为例,列出的场景都是实际开发中常见的开发任务,在这些章节内容主要以实践为主,并附上了详尽的代码实现过程;第二个是偏向理论的内容,主要以面试题为基础进行深入的分析,旨在让读者不再死记硬背面试题,而是根据内容去理解这些理论的原理或实现过程;最后一个是技能进阶,针对问题的实现方式从不同角度给出实现方案,最后通过理论比较得出最优解,或者对于某些问题提供比较巧妙的解决办法,开拓读者的思考方式。

笔者自 iOS 6 开始接触,虽然算不上是最早的一批开发者,却也总结了一些个人开发经验。本书内容是笔者自从事 iOS 开发以来的所有总结的整理。书中的内容主要以理论和实践为主,从提出问题到分析问题,再到解决问题,包括部分章节内容以使用场景带入,都是实际开发中所经常遇到的问题。整部书从准备到写成,持续了有近一年的时间,其实时间还是蛮紧张的。大部分的章节内容,从提出,到叙述,到举例,到论证,最后到总结是一个严谨的流程,不同于写个人博客。

书籍和博客虽然是优秀的知识传播媒介,但不足之处在于阅读时不一定能够理解作者真正想表达的意思,特别是对于技术开发这种实践性较强的情况。本书的内容花了很大的篇幅讲述了理论性的知识,示例代码作为其辅助说明的手段。或许读者能够在阅读时产生共鸣,因为可能遇到过相同的问题或者对于问题有相同的理解,但笔者建议读者能够更多地将章节内容以实践运用的方式来加深自我理解。另外,本书中的内容都是以知识点的形式,相对独立化,而在实际开发中又是另一回事,例如,需要考虑代码复用性,以及编程思想的运用,这些都需要读者对其熟练地使用,而不仅仅是了解。

基本上所有的开发者都有学习过其他开发者优秀的代码或文章,提升自我能力的前提是站在巨人的肩膀上,可以使自己少走很多弯路,同时也飞速提升了自我实力。因此笔者也希望能够以这本书给读者带来一些真正意义上的帮助。

本书中的示例代码都是在 Xcode 8.x 下运行,书中的示例代码仅考虑 iOS 8 以上,语言以 Objective-C 为主,部分内容涉及 Swift。

由于笔者能力有限,书中难免存在疏漏和不足之处,因此特地在 GitHub 上开了一个仓库,有任何意见和建议的读者,欢迎来这里提出,地址:https://github.com/huangxinyu1213/iOS-Advanced-book。

目标读者

对于现在的编程来说,其编程语言变得越来越高级,使得开发门槛越来越低,开发者不必过多接触底层的实现,以及去写一些复杂的代码。就类似于 iOS 开发的 Objective-C 和 Swift 这两门语言一样,虽然是两种完全不同的开发语言,但开发者从 Objective-C 开发转到 Swift 开发其实并不是一件很难的事情,因为对 iOS 的 CocoaTouch 框架的使用,两门语言基本无异,这也从另一个角度可以证明,高级语言有很多的共同性,开发语言只是一种实现方式。

另一方面,市面上现在有很多对于 iOS 开发基础的图书和教程,包括苹果的官方文档,对于初学者来说,都是很好的入门资料。本书可能并不适合 iOS 初学者,因为本书并不打算从 iOS 的基础内容开始讲起,而更适合于一些有 iOS 开发基础的初中级开发工程师参考。

主要内容

本书内容不涉及 iOS 开发的基础知识,由一个个相互独立的知识点组成章节,主要是以进阶为目的,帮助开发者更高效地运用 iOS 开发技术。主要内容包括以下各章。

第1章：iOS 的类

类是面向对象的基础，iOS 的类不仅是实现面向对象，还有一些值得关注的特性和原理。

第2章：底层实现分析

iOS 开发中，系统为开发者提供了许多便捷和强大的基础功能，避免写一些过于复杂的底层实现代码，使编程人员只需要更加注重于代码和业务本身。

第3章：开发原理相关

主要介绍开发中常用技术以及实现的原理，同时也会对一些技术给出不同的实现方案，并做出比较，让开发者对一些原理知识能够有比较明确的认识。

第4章：线程安全——锁

线程安全是 iOS 开发中避免不了的话题，随着多线程的使用，对于资源的竞争以及数据的操作都可能存在风险，所以有必要在操作时保证线程安全。

第5章：排序算法

对算法的掌握是非常有必要的，不仅是在面试中经常会考算法，在实际应用中，算法的使用能更高效地处理数据。同时算法的思想也能更好地帮助我们理解计算机语言。

第6章：技能进阶与思考

本章内容更偏向于实际场景的应用和实现方式的思考，以及扩充开发者的知识宽度。

电子资源

笔者提供书中所有实例的源代码，读者可以从清华大学出版社网站 www.tup.com.cn 下载。本书使用与资源下载的相关问题请联系 fuhy@tup.tsinghua.edu.cn。

编　者

2018 年 5 月

目录

CONTENTS

第❶章

iOS的类

类是面向对象的基础,iOS 的类不仅是实现面向对象,还有一些值得关注的特性和原理。本章以 Objective-C 语言为基础,介绍 iOS 的一些基础知识。

本章内容:
- 创建并描述一个类
- 类属性和类方法
- 黑魔法

1.1　创建并描述一个类

开发中经常需要创建类文件,可以说在项目的开发过程中,很大一部分是由类组成的,要在 Objective-C 中创建一个类,需要继承 NSObject 或者其子类。NSObject 及其子类就是 Objective-C 语言中对对象的实现。

打开 NSObject 的定义,可以看到在其头文件中仅有一百行代码,即定义了对象及其基本方法。

```
@interface NSObject < NSObject > {
    Class isa OBJC_ISA_AVAILABILITY;
}
```

NSObject 其实是一个实现了同名协议的接口(Interface),参数只有一个 isa,指向当前所属类。在 NSObject 协议中,不同的 NSObject 类,需要根据实际情况来重写部分方法。

在实际开发中,如何去继承一个 NSObject 类呢? 看似简单,却有许多需要注意的地方。可以通过下面一个简单例子来说明。首先创建一个类,如图 1-1 所示。

简单地创建一个继承自 NSObject 的对象后,文件的结构目录上会多出两个 Person 的文件,一个是头文件(. h),另一个是实现(. m)。头文件一般都是对这个类起到一个介绍的

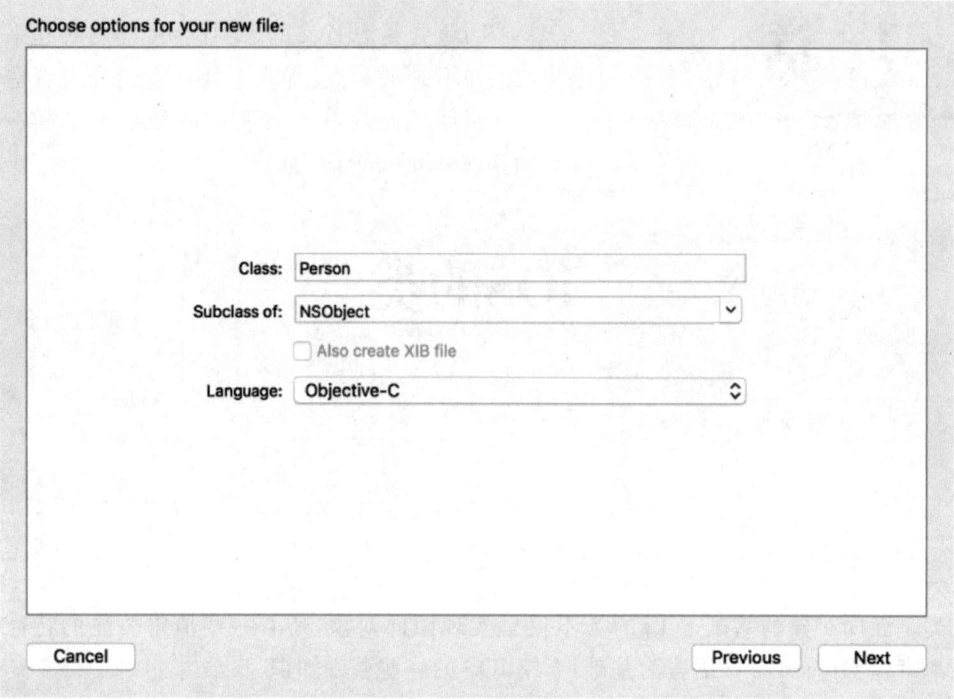

Choose options for your new file:

Class: Person

Subclass of: NSObject

☐ Also create XIB file

Language: Objective-C

Cancel · Previous · · · Next

图 1-1　创建一个类

作用,开发者可以直接通过头文件来获取该类的一些基本信息,包括类的属性和方法,从而不需要关心该类是如何实现的。而与之对应的就是其实现文件,相对于头文件,实现文件的代码量大多会比头文件多一些,针对头文件中介绍的属性和方法,实现文件应当提供具体的实现,从而保证这个类可以被很好地使用。打个比方,一个类就相当于是一家餐厅,而头文件就是它的菜单,食客(开发者)通过菜单就能了解到这家餐厅有哪些菜品食物可以点,而对应的这些菜品食物都是在餐厅的厨房进行具体的实现,厨房可以做一些菜单上没有的菜品,但是菜单上却不能有厨房做不了的菜品。

首先制作菜单,打开 Person.h 文件,内容如下。

```
# import < Foundation/Foundation.h >
@ interface Person : NSObject
@ end
```

导入 Foundation 框架。Foundation 框架是系统的基于 CoreFoundation 框架的封装,即常说的 Cocoa 框架,包含数据集合、日期、文件处理,KVC/KVO,Runloop 以及网络通信等一系列基本功能的类集合。

在头文件中导入框架尽量不要重复,如果 Person 类有一个 UIImage 的属性 headImage,则需要在头文件中加入 UIKit 框架。

```
# import < Foundation/Foundation.h >
# import < UIKit/UIKit.h >
```

此时,加入 UIKit 后,可以不再需要"♯import ＜Foundation/Foundation. h ＞"了,因为 UIKit 是默认包含 Foundation 框架的,重复的包含是无意义的,并且会使代码看起来并不简洁明了。但是毕竟 Person 是一个模型类,并不是展示类,导入 UIKit 会给开发者造成困扰。通常来说,第一个 ♯import 的框架可以很明确地让开发者明白该类是属于哪一种类型。所以此时的做法应该为所需要的 UIImage 添加一个前向声明:

```
♯ import ＜Foundation/Foundation. h ＞
@class UIImage;
@ interface Person : NSObject
@property (nonatomic, strong) UIImage ＊headImage;
@end
```

接下来,我们会想到这个 Person 类会需要一个 NSString 类型的 name 属性,而且是必需的,而刚才提到的 headImage,可能为 nil。在这种情况下,为了兼容 Swift 的可选值类型,需要在对应的 Property 中加上特定的修饰符：nullable 或 nonnull。这样在 Swift 中使用会桥接成更明确的方法。

```
♯ import ＜Foundation/Foundation. h ＞
@class UIImage;
NS_ASSUME_NONNULL_BEGIN
@ interface Person : NSObject
@property (nonatomic, strong, nullable) UIImage ＊headImage;
@property (nonatomic, copy,nonnull) NSString ＊name;
@end
NS_ASSUME_NONNULL_END
```

如果一个类的属性很多,这样做则会很麻烦,所以可以利用系统提供的 NS_ASSUME_NONNULL_BEGIN、NS_ASSUME_NONNULL_END 这两个宏来将默认未注明 nullable 还是 nonnull 的类的属性都默认设置为 nonnull。

属性写完后,就需要写初始化方法。对于 Person 类,我们需要在初始化的时候传递一个 NSString 的 name,并且最好能给 headImage 赋上一个默认的头像。

```
// Person. h
♯ import ＜Foundation/Foundation. h ＞
@class UIImage;

NS_ASSUME_NONNULL_BEGIN

@ interface Person : NSObject
@property (nonatomic, strong, nullable) UIImage ＊headImage;
@property (nonatomic, copy, nonnull) NSString ＊name;

 - (instancetype)initWithName:(NSString ＊)name;

@end
```

```
NS_ASSUME_NONNULL_END

// Person.m
# import "Person.h"
# import <UIKit/UIImage.h>

@implementation Person

- (instancetype)initWithName:(NSString *)name {
    if (self = [super init]) {
        _name = name;
        _headImage = [UIImage imageNamed:@"default_head"];
    }
    return self;
}

@end
```

很简单，似乎并没有什么复杂的地方，可是当代码提交之后，协同开发的同事需要使用你的 Person 类创建实例时，却发现并没有默认的头像，这个时候你就会很疑惑，仔细一看同事的代码是这样写的：

```
Person *tom = [[Person alloc] init];
tom.name = @"Tom";
```

同事并没有使用你想让他使用的初始化方法，只是使用最基本的 alloc 和 init。没有使用我们提供的初始化方法就会未设置默认头像。这是协同开发中经常会遇到的问题。如何让同事也使用自己提供的方法，而不是使用其他的初始化方法呢？

```
// Person.h
# import <Foundation/Foundation.h>
@class UIImage;

NS_ASSUME_NONNULL_BEGIN

@interface Person : NSObject
@property (nonatomic, strong, nullable) UIImage * headImage;
@property (nonatomic, copy, nonnull) NSString * name;

- (instancetype)initWithName:(NSString *)name;
- (instancetype)init UNAVAILABLE_ATTRIBUTE;
+ (instancetype)new UNAVAILABLE_ATTRIBUTE;

@end

NS_ASSUME_NONNULL_END
```

通过 UNAVAILABLE_ATTRIBUTE 修饰以在头文件中禁用其他的初始化方法，可保证只有自己提供的初始化方法才是唯一途径。此时，如果要创建 Person 实例，只能通过-initWithName：初始化方法。

本节小结

（1）创建类应尽量明确类型，必要时加上前向声明；

（2）属性应当标明可选还是必选，在与 Swift 混编时会生成更加明确的 Swift 方法；

（3）通过 UNAVAILABLE_ATTRIBUTE 禁用相关方法。

1.2　类方法的 self

引用 1.1 节中的内容，下面通过 alloc 和 initWithName 的方式来创建 Person 对象：

```
- (instancetype)initWithName:(NSString *)name {
    if (self = [super init]) {
        _name = name;
        _headImage = [UIImage imageNamed:@"default_head"];
    }
    return self;
}
```

虽然禁用了 init 方法，但是通过 super 调用父类的 init 并不会有影响。如果经常使用到，这个方法仍然显得有些麻烦，可以通过类方法来使创建过程更加简捷：

```
+ (instancetype)personWithName:(NSString *)name;
```

既然有了类方法来创建，我们也就不需要对外提供-initWithName：方法了，按照 1.1 节中的方法，将其标注为不可用。

```
// Person.h
# import <Foundation/Foundation.h>
@class UIImage;

NS_ASSUME_NONNULL_BEGIN

@interface Person : NSObject
@property (nonatomic, strong, nullable) UIImage * headImage;
@property (nonatomic, copy, nonnull) NSString * name;

+ (instancetype)personWithName:(NSString *)name;
- (instancetype)initWithName:(NSString *)name UNAVAILABLE_ATTRIBUTE;
- (instancetype)init UNAVAILABLE_ATTRIBUTE;
+ (instancetype)new UNAVAILABLE_ATTRIBUTE;

@end
NS_ASSUME_NONNULL_END
```

因为之前有-initWithName：的实现，我们希望在新加入的＋personWithName：方法中可以直接调用,以下是错误代码。

```
// 这是错误代码!
+ (instancetype)personWithName:(NSString * )name {
    Person * p = [[Person alloc] initWithName:name];
    return p;
}
```

报错的原因很简单,就是因为我们禁用了 Person 类的-initWithName:方法,解决办法如下。

```
+ (instancetype)personWithName:(NSString * )name {
    Person * p = [[self alloc] initWithName:name];
    return p;
}
```

将 Person 换成 self 调用就不会报错,但据我们所知,在类方法中使用这两者似乎并没有什么区别,实际上 self 是表示当前类,而不一定是 Person 类。使用类方法创建实例,用[self alloc]和[Person alloc]在基本使用上是没有任何区别和影响的,但是并不代表二者没有区别,甚至会有使用上的误区,更甚者会导致意料之外的错误发生。

为了方便解释,下面再举一个类似的例子,创建一个 Animal 类,且为 Animal 类添加一个类方法类创建实例,并将默认的 init 设置为不可用。

```
// Animal. h
@interface Animal : NSObject

@property (nonatomic, copy) NSString * name;
- (instancetype)init NS_UNAVAILABLE;
+ (instancetype)animalWithName:(NSString * )name;

@end



// Animal. m
# import "Animal. h"

@implementation Animal

+ (instancetype)animalWithName:(NSString * )name {
    Animal * animal = [[self alloc] init];
    animal.name = name;
    return animal;
}
@end
```

此时,如果将+animalWithName:方法中的[[self alloc] init]换成[[Animal alloc] init],则会报错,错误很明显,是因为我们将 init 方法设置为不可使用,编译器在此时会自动设置为该方法不可使用。那为什么用[[self alloc] init]就会不报错了呢？难道是编译器的bug？当然不是，请接着看。

我们要继承 Animal 来创建它的子类 Dog：

```
// Dog.h
#import "Animal.h"
@interface Dog : Animal
@end
```

此时，如果使用下面这句代码来创建，仍然会报错。原因是 init 方法在父类 Animal 方法中被禁用，所以在子类中仍然不可使用。

```
Dog * dog = [[Dog alloc] init];
```

假设在＋animalWithName：方法中用的是 Animal，那么用它来创建 Dog 实例肯定是不对的，因为当前类是 Dog，如果再用 Animal 来创建肯定是错误的，等于是创建了一个Animal 实例来赋给 Dog 对象。如果用 self 来创建的话则没有此问题，因为对于 Dog 类来说，self 即指的是 Dog，self 代表具体当前是哪一个类，因此返回结果是 Dog 实例，这是我们所希望的，所以这也是为什么应该在 Animal 类中 +animalWithName：方法中使用[self alloc]而不是[Animal alloc]。

```
Dog * dog = [Dog animalWithName:@"Hachiko"];
```

在此基础上，假设一种很新奇的场景，因为 Animal 对我们来说是很概念性、很抽象的类，所以我们提供了+animalWithName：方法，而禁止-init 方法，但 Dog 类是非常具体的，我们希望可以保留-init 方法来为 Dog 类提供另外一种初始化方法，当然-init 方法仍然是对Animal 不可使用的。可以将-init 方法在 Dog 的头文件中再声明一次，表示对该方法在此处可以破例使用。

```
// Dog.h
#import "Animal.h"
@interface Dog : Animal

- (instancetype)init;

@end
```

此时，就可以在任意处使用-init 方法来为 Dog 创建实例，当然-init 方法对于 Animal 类来说仍然是不可用的。

然而，事情并没有我们想的那样容易，虽然在这种场景下的问题已经解决了，我们又有了另外一个新的问题，编译器报了一个没有实现-init 方法的警告！虽然我们在 Dog 类中设置-init 方法再次可用了，而且我们知道，-init 方法在 NSObject 基类中是有默认实现的，此时此处报警告从主观意识上来说有一些不合情理，但是毕竟是负责任的编译器，为了防止我们会有这样的隐患，可以手动去除警告。

```
// Dog.m
# import "Dog.h"
# pragma clang diagnostic push
# pragma clang diagnostic ignored " - Wincomplete - implementation"
@ implementation Dog
@ end
# pragma clang diagnostic pop
```

本节小结

(1) 类方法中的 self 指的是当前类,而不是固定的某个类,还可能是这个类的子类;

(2) 对于父类禁用的方法,需要在子类头文件中再次声明才可以使用,并需要在类实现文件中去除编译器警告。

1.3 类属性

我们知道,在实例方法中,self 指的是类实例,而在类方法中,self 指的是类,而不是类实例,一般情况下也是可以直接将 self 换成类名来调用。类实例是由类创建的,那类是怎么来的呢? 图 1-2 是类关系图,可以看出,类都是来自于一个叫作 MetaClass 的类。

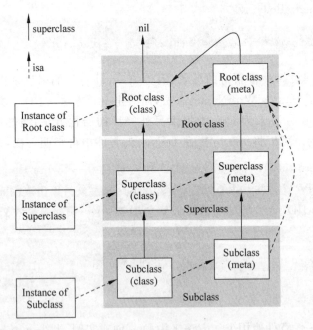

图 1-2　类的关系

类可以看作是其元类的实例。与此同时,我们再看一下 objc 对象对应的结构体:

```
struct objc_class {
    Class isa OBJC_ISA_AVAILABILITY;

# if ! __OBJC2__
```

```
        Class super_class                       OBJC2_UNAVAILABLE;
        const char * name                       OBJC2_UNAVAILABLE;
        long version                            OBJC2_UNAVAILABLE;
        long info                               OBJC2_UNAVAILABLE;
        long instance_size                      OBJC2_UNAVAILABLE;
        struct objc_ivar_list * ivars           OBJC2_UNAVAILABLE;
        struct objc_method_list ** methodLists  OBJC2_UNAVAILABLE;
        struct objc_cache * cache               OBJC2_UNAVAILABLE;
        struct objc_protocol_list * protocols   OBJC2_UNAVAILABLE;
# endif
} OBJC2_UNAVAILABLE;
```

其中有一个methodLists,顾名思义是存储该对象方法的列表,如果了解Objective-C的运行时机制,一个类实例调用方法,会在该类中的方法表中检索,也就是该methodLists,但并不一定能找到,如果不能找到,则会沿着图1-2中的继承链路来逐层向父类查找,也就是在父类中的methodLists查找,如果都找不到,则会按消息传递的逻辑进行。同理,一个类的变量也是存在该类的ivars中,如果没有,则会在父类的ivars中查找。

Xcode 8的发布,表示Swift进入了3.0的时代,同时Objective-C也引入了类属性,用法是在property的修饰符中加入class,代表这是一个类属性。在原来的Person.h中添加:

```
@property (nonatomic, copy, class) NSString * name;
```

类属性的出现,不仅是为了与新兴语言Swift在iOS开发中相迎合,更为许多iOS开发中的超频使用者带来福音。在很多类的属性当中,并不需要设置为实例属性,因为每个实例都会创建一遍,开辟一段内存。事实上,对于类属性来说,一个类只要有一个实例就行了。但是在使用类属性时也需要注意,使用方法仍然比较烦琐,有些类似自己实现property的感觉。

```
static NSString * className = @"PersonName";
// class getter
+ (NSString * )name {
    return className;
}

// class setter
+ (void)setName:(NSString * )name {
    className = name;
}
```

调用:

```
NSLog(@" % @",Person.name);

[Person setName:@"Tom"];

NSLog(@" % @",Person.name);
```

输出结果：

```
PersonName
Tom
```

这里需要注意的是，都应该使用"＋"表示这是一个类方法，同时声明一个 static 静态变量来存储，类属性本身不提供存储，有些类似于 Swift 中的计算属性。类方法的使用，可以更好地在类中声明合适的属性，也能更好地与 Swift 进行相互转化。

本节小结

（1）类实例对象是由类实例化得到的，而类是由其元类得到的，因此可以看作元类的实例；

（2）了解类属性，可以直接通过类直接访问，但需要手动添加 setter、getter 方法以及实例变量，Swift 中的类属性则可以直接访问。

1.4 黑魔法

在实际项目开发中，经常会用到黑魔法，所谓黑魔法就是通过 Objective-C 语言强大的 runtime 来给类的类方法或实例方法做交换，从而达到不用修改原类的代码就可以给原类中特定的方法做替换操作。虽然这只是 runtime 的其中一个功能，但可以用来做很多事，例如用在一些统计业务中，不用在每个类中都写一遍，而可以直接通过黑魔法来交换方法，把统计业务写在自定义的方法中可以神不知鬼不觉地达到我们想要的效果。此外还有一个好处，就是可以将所有的统计业务代码写在同一处，方便管理。下面通过实际操作来实践一下。

创建一个 iOS 的 Single View Application，基于系统自动创建的工程来开展实验。

系统自动创建了一个继承自 UIViewController 的 ViewController 作为主视图控制器。在 ViewController 中，覆盖-viewWillAppear:方法：

```
- (void)viewWillAppear:(BOOL)animated {
    [super viewWillAppear:animated];
    NSLog(@"origin viewWillAppear");
}
```

此时开发者 Tom 创建了一个基于 UIViewController 的 Category，名为 UIViewController ＋ Tom，该控制器有一个方法-tom_viewWillAppear:，用于和 UIViewController 的-viewWillAppear:做交换。为了简单演示，下面给出代码。

```
// UIViewController + Tom.h
# import <UIKit/UIKit.h>

@interface UIViewController (Tom)
- (void)tom_viewWillAppear:(BOOL)animated;
```

```
@end

// UIViewController + Tom. m
# import "UIViewController + Tom. h"

@ implementation UIViewController (Tom)
- (void)tom_viewWillAppear: (BOOL)animated {
    [self tom_viewWillAppear:animated];
    NSLog(@"tom_viewWillAppear");
}
@end
```

然后在 AppDelegate 中提供一个交换方法的触发场景：

```
// AppDelegate. m
# import "AppDelegate. h"
# import < objc/runtime. h>
# import "UIViewController + Tom. h"

@ interface AppDelegate ()
@end

@ implementation AppDelegate

- ( BOOL ) application: ( UIApplication  * ) application  didFinishLaunchingWithOptions:
(NSDictionary * )launchOptions {

    [self exchangeViewWillAppear1];
    return YES;
}

- (void)exchangeViewWillAppear1 {

    Method originalMethod = class_getInstanceMethod([UIViewController class], @ selector
(viewWillAppear:));
    Method swizzedMethod = class_getInstanceMethod([UIViewController class], @selector(tom
_viewWillAppear:));

    method_exchangeImplementations(originalMethod, swizzedMethod);
}
```

按 Command＋R 组合键运行，打印结果如下。

```
tom_viewWillAppear
origin viewWillAppear
```

简单分析一下，当程序运行起来的时候，先通过 AppDelegate 的代理方法——
application：didFinishLaunchingWithOptions：方法，表示程序已完成启动，其中调用了交换
方法。首先通过 runtime 函数 class_getInstanceMethod 获取到 UIViewController 系统自

带的实例方法-viewWillAppear:，同理也获取到 Tom 提供的-tom_viewWillAppear:方法，最后用 method_exchangeImplementations 来实现两个方法的交换。

这里着重看一下 UIViewController＋Tom 中-tom_viewWillAppear:的实现代码，其中又调用了一次本方法，有人认为调用该方法会造成死循环，其实并非如此，因为通过方法交换，在-tom_viewWillAppear:中还调用了-tom_viewWillAppear:方法，其实调用的已经是被替换了的原系统的-viewWillAppear:方法实现了，所以并不会造成死循环。再看一下完整顺序，当 ViewController 要出现在屏幕上时，系统自动调用-viewWillAppear:方法，此时该方法已经被替换了，其实调用的方法实现是-tom_viewWillAppear:的实现，在-tom_viewWillAppear:实现中，又调用了-tom_viewWillAppear:方法，此时-tom_viewWillAppear:的实现是被替换成了系统的-viewWillAppear:方法，虽然看起来很混乱，其实并不复杂。从整体来看，相当于我们在系统方法-viewWillAppear:调用的同时，顺带执行了一段自定义的代码，在该例子中其实是 NSLog(@"tom_viewWillAppear");，不影响原来方法的使用。当然我们也可以在替换方法中不去调用原来的方法，这样就达到了一个完全替换的效果。这用在一些非系统方法中没有问题，但对于-viewWillAppear:这样的系统方法，如果不去调用其实现，将很有可能造成许多令人讨厌的麻烦。

以上这段代码其实有个问题，不知道有没有细心的读者发现，我们在-tom_viewWillAppear:中先调用了原来的实现。然而在这个时候，我们又有了一个开发者 Jerry，在 Jerry 的代码中，同样需要在 UIViewController 的-viewWillAppear:方法中进行交换，为了简单演示，大致跟之前 Tom 的一样。创建 UIViewController＋Jerry：

```
// UIViewController + Jerry.h
# import < UIKit/UIKit.h>

@ interface UIViewController (Jerry)

- (void)jerry_viewWillAppear: (BOOL)animated;

@ end

// UIViewController + Jerry.m
# import "UIViewController + Jerry.h"

@ implementation UIViewController (Jerry)

- (void)jerry_viewWillAppear: (BOOL)animated {
    [self jerry_viewWillAppear:animated];
    NSLog(@"jerry_viewWillAppear");
}

@ end
```

同样，在 AppDelegate 中添加 Jerry 对于-viewWillAppear:方法的交换，最后的代码如下。

```
// AppDelegate.m
#import "AppDelegate.h"
#import <objc/runtime.h>
#import "UIViewController + Tom.h"
#import "UIViewController + Jerry.h"

@interface AppDelegate ()

@end

@implementation AppDelegate

- (BOOL)application:(UIApplication *) application didFinishLaunchingWithOptions:(NSDictionary
*)launchOptions {

    [self exchangeViewWillAppear1];

    [self exchangeViewWillAppear2];

    return YES;
}

- (void)exchangeViewWillAppear1 {

    Method originalMethod = class_getInstanceMethod([UIViewController class], @selector
(viewWillAppear:));
    Method swizzedMethod = class_getInstanceMethod([UIViewController class], @selector(tom
_viewWillAppear:));

    method_exchangeImplementations(originalMethod, swizzedMethod);
}

- (void)exchangeViewWillAppear2 {

    Method originalMethod = class_getInstanceMethod([UIViewController class], @selector
(viewWillAppear:));
    Method swizzedMethod = class_getInstanceMethod([UIViewController class], @selector
(jerry_viewWillAppear:));

    method_exchangeImplementations(originalMethod, swizzedMethod);

}
```

最后再按 Command＋R 组合键运行之后,看一下打印结果:

```
tom_viewWillAppear
jerry_viewWillAppear
origin viewWillAppear
```

可以看出来先打印 Tom 的，然后打印 Jerry 的，最后打印原来的。

分析一下过程，首先 Tom 来交换方法，然后 Jerry 又交换方法，那 Jerry 交换的是原来的-viewWillAppear:还是-tom_viewWillAppear:呢？在一开始只有 Tom 交换方法的时候，打印顺序是 tom-> origin，然后 Jerry 也交换方法的时候，打印顺序是 tom-> jerry-> origin，可以猜测 Jerry 交换的方法应该是 origin 的。究竟方法的交换顺序如何呢？

通过图 1-3 可以看出一开始的 Selector 与具体实现的对应关系，在没有交换之前，都是各方法对应各自的实现，系统原本的方法（Origin）对应的实现就是原本的 viewWillAppear，Tom 提供的方法对应的实现是 tom_viewWillAppear，Jerry 对应的实现是 jerry_viewWillAppear，这个是很好理解的（注：因为通过 Selector 来获取 Method 以及 Method 对应的 Implementation 不太方便表述直接的关系，所以暂时用 @selector()来表示 Selector，而用 IMP()来表示实现）。

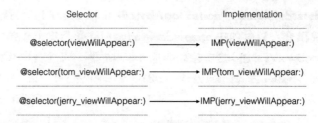

图 1-3　交换前的对应关系

首先 Tom 进行了交换方法，关系如图 1-4 所示。

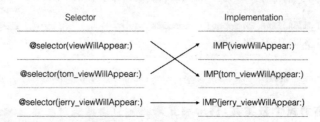

图 1-4　第一次交换方法后的对应关系

此时，从图 1-4 中可以很清楚地看到，与 @selector（viewWillAppear:）对应的 Implementation 已经变为 tom_viewWillAppear，而 @selector（tom_viewWillAppear:）对应的 Implementation 也换作了 viewWillAppear。

重新观察一下 Jerry 的交换方法，是 @selector（jerry_viewWillAppear:）与 @selector（viewWillAppear:）交换实现方法，而 @selector（viewWillAppear:）对应的实现之前已经被替换成 IMP(tom_viewWillAppear:)，所以替换之后 @selector（viewWillAppear:）的实现就是 IMP(jerry_viewWillAppear:)，而 @selector（jerry_viewWillAppear:）对应的实现也成了 IMP(tom_viewWillAppear:)，如图 1-5 所示。

介绍完了交换顺序，下面再来分析一下调用的顺序。

因为 UIViewController ＋ Tom、UIViewController ＋ Jerry 两个 Category 是对 UIViewController 的方法进行替换，仅对 UIViewController 的-viewWillAppear:起作用，并不能对其子类 ViewController 有效。读者可能在此处有些不明白，因为在日常开发中

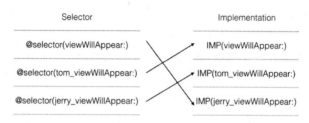

图 1-5　第二次交换方法后的对应关系

Category 的方法不仅对该类起作用,对其子类也可以直接使用,而此处却说不能对子类有效,这是因为此处的重点是 Category 的交换方法是仅针对 UIViewController 的,因此对于子类不适用,并非是 Category 的方法对于 UIViewController 的子类不适用。所以在 ViewController 将要显示在的时候,调用的并不是替换后的方法,而仍然是 ViewController 的原生方法-viewWillAppear:,在该方法中,代码如下:

```
- (void)viewWillAppear:(BOOL)animated {
    [super viewWillAppear:animated];
    NSLog(@"origin viewWillAppear");
}
```

先是调用了[super viewWillAppear:animated],此时是调用 ViewController 父类方法表中的-viewWillAppear: ,而父类正是 UIViewController,即 UIViewController 的-viewWillAppear:方法是被替换过的了。通过图 1-5,原生方法@selector(viewWillAppear:)对应的实现是 IMP(jerry_viewWillAppear:),而-jerry_viewWillAppear:方法的实现如下。

```
- (void)jerry_viewWillAppear: (BOOL)animated {
    [self jerry_viewWillAppear:animated];
    NSLog(@"jerry_viewWillAppear");
}
```

可以看到-jerry_viewWillAppear:中先是调用了与其替换了的方法,那与之对应的实现是 IMP(tom_viewWillAppear:),同理-tom_viewWillAppear:的代码如下。

```
- (void)tom_viewWillAppear: (BOOL)animated {
    [self tom_viewWillAppear:animated];
    NSLog(@"tom_viewWillAppear");
}
```

发现在该方法实现中,先调用了与其交换的方法。那与其交换的是哪一个方法呢?通过图 1-5 也可以看到,@selector(jerry_viewWillAppear:)与@selector(viewWillAppear:),也就是到了此处又得先调用 IMP(viewWillAppear:),此时读者可能感觉有些困惑,难道又要先调用 IMP(jerry_viewWillAppear:)? 怎么又回去了? 是要死循环了吗? 其实不然,上面提到,两个 Category 是基于 UIViewController 的,所以此处的 IMP(viewWillAppear:)是 UIViewController 的,也就是 ViewController 中-viewWillAppear:中的[super viewWillAppear:animated]方法,这样一来就疏通了它们之间的关系。假如一开始没有交换方法,那么对于-viewWillAppear:方法来说,调用的顺序是:self→super,而通过两次交换方法之后的顺序则是:self→jerry→tom→super。

在此例中,打印结果的顺序是不具有代表性的,因为在每个方法中,如果先打印再去调用其替换方法则又是一个不一样的顺序,如果在此例中先打印再调用交换方法,则打印顺序如下,其中逻辑读者可以留作自己思考,这里不做赘述。

```
origin viewWillAppear
jerry_viewWillAppear
tom_viewWillAppear
```

同样,如果此例中交换方法仅仅是对于子类 ViewController 的,打印结果如下,同样不做赘述。

```
jerry_viewWillAppear
tom_viewWillAppear
origin viewWillAppear
```

交换系统的方法是交换方法中的其中一种用法,还有一种用法是交换自定义的方法。假设该自定义方法在交换方法中不用调用原实现,即完全替换的场景,那么多种交换会造成只有最后一次交换有效,之前的交换都会不起作用,这会给开发者造成一定的困扰,需要注意。又或者假如在原方法中是有返回值的,而交换方法是直接通过方法名来获取方法的,如果该交换方法是一个无返回值的,此时编译器也不会报任何警告,从而在实际开发中有一些安全隐患,甚至导致 Crash。

之所以举例对于 UIViewController 来实现交换方法,是因为在实际开发中,这是比较常见的使用场景,交换方法通常使用在大规模的范围中,而写的时候却只要很简单的方式就能实现在项目中处处作用的功能,这也正是 AOP(Aspect-Oriented Programming)的优势所在。

对于黑魔法,笔者的建议是要慎用!之所以称为黑魔法,有一些不可思议,当然也有些神秘不可知的意思。黑魔法的使用场景一般是用在比较大的范围,所以一旦使用不当出现问题,则也是大规模的,其中就包括此例中多个交换方法会造成不同调用顺序甚至不起作用所产生的一系列问题,如果需要使用,应当保证交换方法的统一以及规范。

本节小结

(1) 了解黑魔法的原理,以及多次交换下的调用顺序,黑魔法的使用是 AOP 编程思想的重要实现,但在实际开发中需要谨慎;

(2) 交换方法虽然给特定情况下的开发带来了便利,但同时也可能存在一些"侵入性",可能会影响其他类的代码,因此不要为了使用而使用,应尽量将影响范围控制在期望中。

第<2>章

底层实现分析

iOS 开发中,系统为开发者提供了许多便捷和强大的基础功能,避免了让开发者写一些过于复杂的底层实现代码,使开发者只需要更加注重于代码和业务本身。对于这些基础功能的实现,在开发中给我们提供了便利,但仍然有必要了解其实现和使用方法。

本章内容:
- 内存分区
- 初始化
- 拷贝
- 数组与集合
- 字典与哈希表
- KVC

2.1 内存分区

本节所说的是内存,并非是内存管理,是其他系统以及编程语言都有提及的内存分区,是对于编程语言来说比较宽泛的内存说明。

通常我们将内存分区划分为以下几大块。

(1) 栈区;

(2) 堆区;

(3) 全局区;

(4) 常量区;

(5) 代码区。

我们知道任何一个程序在运行的时候实际是运行在内存中的,这个内存也就是我们通常所说的主存,也叫运行内存,也叫 RAM(Random Access Memory),是可以直接与 CPU进行交换数据的内部存储器。内存读取速度很快,所以作为操作系统运行程序的区域。不同的分区保存不同的值,值可以为指针,可以为对象,可以为二进制代码,可以为数字等,每个分区有自己的功能,它们一起协作为系统提供更好的任务划分,如图2-1所示。

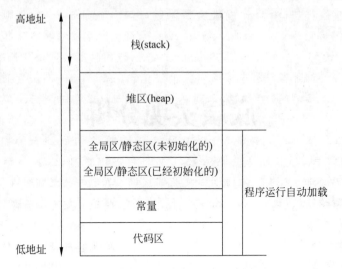

图 2-1　内存分区位置

下面来详细说明每个分区的功能。

栈区(stack):栈区是由系统来自动分配释放,是一个栈的数据结构,存储函数的参数、局部变量、引用。

堆区(heap):堆区是由开发者"手动管理"或者程序结束时由系统全部回收,是一种树状的数据结构,一般用于存储由 malloc、new 等方式创建的对象。在 iOS 开发中,大多数关于内存管理方面的问题也多出自此:多是一些开发者没有及时回收内存,或者内存溢出以及泄漏等问题。

全局区(静态存储区):用于存放全局变量和静态变量,存储方式是:未经初始化的全局变量和静态变量存放在一个区域,初始化后的全局变量和静态变量在另一个区域。回收方式也是等进程结束由系统回收。

文字常量区:主要存储基本数据类型的值,以及常量,同样是进程结束后由系统回收。

代码区:存储要执行函数的二进制代码,如果需要执行就加载到该区域中。

下面通过一小段代码,来详解一下。

```
int a;
int main(int argc, const char * argv[]) {
    @autoreleasepool {
        int b = 100;
        static int c = 101;

        NSString * str1 = @"Hello World";
        NSObject * obj = [NSObject new];
        char * w1 = (char *)malloc(10);

        NSLog(@"a in global: % p", &a);
```

```
        NSLog(@"b in stack: %p", &b);
        NSLog(@"c in static: %p", &c);

        NSLog(@"str1 in constant: %p", str1);
        NSLog(@"&str1 in stack: %p", &str1);

        // heap: 理论由低地址向高地址拓展,实际多运行几次发现有可能出现由高地址向低地址拓展
        NSLog(@"obj in heap: %p", obj);

        NSLog(@"w1 in heap: %p", w1);
    }
    return 0;
}
```

打印结果如下。

```
a in global:        0x100001164
b in stack:         0x7fff5fbff75c
c in static:        0x100001160
str1 in constant:   0x100001048
&str1 in stack:     0x7fff5fbff750
obj in heap:        0x100404560
w1 in heap:         0x100404540
```

系统的内存分区是按照一定的逻辑来实现的,但并不是绝对的,例如,图 2-1 中表示堆区中是由低地址向高地址扩展的,obj 的地址理应比 w1 的要低一些,实际上却比 w1 要高,这是因为堆并不是连续的内存区域,是系统用树来实现的,过程中会考虑空闲区域,例中 w1分配的区域过小,所以可能分配在 obj 之前,如果给 w1 分配的空间大一些,则 w1 的地址就会在 obj 之后了。

这里应该再注意以下几个特例。

1. 字符串类型

多个直接声明的相同字符串在内存中只占用一份内存,例如:

```
NSLog(@"hello1: %p", @"Hello");
NSLog(@"hello2: %p", @"Hello");
```

打印出来的结果是:

```
hello1: 0x100001168
hello2: 0x100001168
```

这个变量的地址是在常量区中存储,虽然声明的是两个字符串,看似应该开辟两端内存,但通过打印可以看出实际上是同一块内存,这是可以理解的,因为这是同一个固定的字符串,在编译期就确定了的,不会更改,是一个不可变量,因此引用同一份内存并没有什么问题,如果需要在此字符串上进行修改也是另外开辟一段内存。

2. block 类型

关于 block 的内容在本书中有详细的介绍，这里只做简单的说明。

block 声明的时候是在栈中的，但赋值给变量的时候会复制到堆中。

```
// 声明一个 block
NSLog(@"block in stack: %p", ^(){});

// 将一个 block 赋值给一个变量
id block = ^(){};
NSLog(@"block in heap: %p", block);
```

前面介绍了关于 block 的内存分区，下面有一份示例代码。

```
void blockTest1() {
    __block int a = 1;
    int * p = &a;
    ^{
        a = a + 1;
    }();
    a += 1;
    printf("a = %d, * p = %d\n", a, * p);
}

void blockTest2() {
    __block int a = 1;
    int * p = &a;
    void(^block)() = ^{
        a = a + 1;
    };
    a += 1;
    block();
    printf("a = %d, * p = %d\n", a, * p);
}
```

打印结果如下。

```
a = 3, * p = 3
a = 3, * p = 1
```

这是关于 block 作用的一个非常典型的例子，可以很明确地看到 block 对外部变量的作用。两个方法中，都声明了一个 int 类型的 a，赋值为 1，接着声明一个 int 指针 p 指向 a。在第一个方法中，直接调用了一个 block，由于 block 还没有被赋值，所以这时 block 还没有复制到堆中，所以对于 a 来说也没有发生复制，与 p 指向的为同一内容。所以经过两次加 1 后，两者都为 3；而对于第二个方法，将这个 block 赋值给一个临时变量，此时根据之前我们所说的内容，发生了复制，__block 修饰的 a 也复制为一份新的内容，但 p 依然指向之前的内容，此时 p 的指向和 a 已经不是同一内容了，所以 * p 依然为 1，而 a 经过两次加 1 后，变为 3。

本节小结

（1）程序运行所使用的内存分类包括栈、堆、常量、全局和代码区等；

（2）了解日常开发者所用的对象和变量对应于存在哪一种内存；

（3）了解 block 对象在内存中的存储和复制形式，以及对外部变量的持有情况。

2.2 初始化

在 Objective-C 中，创建一个对象是通过 alloc 和 init 两步来实现的，alloc 是为该对象分配内存空间，init 才是真正将对象创建为实例。可以理解为 alloc 是按照该类的数据结构，在内存中开辟出相应的大小并设置引用计数为 1，最后通过 init 才真正完成初始化的操作。所以通过 alloc 创建的对象虽然为 instancetype，却是不可用的，所以我们自定义初始化方法，一般不会去重写 alloc，而是通过重写 init 方法，或者自定义一些初始化 init 方法。

在自定义的初始化方法中，为了保证实例被真正创建，需要调用父类的一个 init 方法，或者间接调用父类的初始化方法（例如某类有两个初始化方法 initWithA 和 initWithB，initWithA 调用了父类的初始化方法，initWithB 实现中调用了 initWithA 来创建）。为何要调用父类的初始化方法呢？因为没人保证实例对象只调用真正的初始化方法，同时也不能保证类的属性变量被正确地初始化。在 Objective-C 中，初始化方法其实并不是安全的，因为对初始化方法没有限制，开发者可以任意来调用以及实现某个类的初始化方法。例如我们经常使用的控件 UITableView，创建一个 UITableView 的初始化方法是：

```
- (instancetype)initWithFrame:(CGRect)frame style:(UITableViewStyle)style
NS_DESIGNATED_INITIALIZER;
```

这是我们创建 UITableView 的初始化方法，作为开发者应该对这个非常清楚，但是由于在 Objective-C 中对初始化方法没有很好的约束，所以可能会有"滥用"的这样一种情况。同样的，如果有开发者在创建 UITableView 时，忘记使用上面这个方法，而是通过 init 方法来创建，那么会怎么样？不只是 UITableView，很多 UIKit 的组件在设计时都会考虑到开发者调用的任意性，所以做了比较完善的处理，我们可以通过 Runtime 的交换方法，来交换 UITableView 的-initWithFrame：style:方法，如果我们还是通过 init 方法来创建，可以看到-initWithFrame：style:也被调用了，这就很好理解了，UITableView 的内部重写了 init 方法，其实现大致如下。

```
- (instancetype)init {
    self = [self initWithFrame:CGRectZero style:UITableViewStylePlain];
    return self;
}
```

其实在上面介绍-initWithFrame：style:方法的时候，可以看到这个方法是一个 NS_DESIGNATED_INITIALIZER 方法，也就是表明该方法是一个 Designated 方法，那么什么是 Designated 方法呢？除了 Designated 方法，其他初始化方法又称为什么？这其中如何关联？

如果读者了解 Swift 语言,那么对 Swift 的初始化方法的严格性肯定有比较深刻的印象。其实对于 iOS 开发来说,Objective-C 和 Swift 只是不同的语言,对于开发语言来说有着很多共性。所以在对象初始化这块也是类似的,只不过 Swift 有着更加严格的初始化流程和要求,并加强了 Designated 初始化方法的地位。

一个类的 Designated 初始化方法是通过调用父类的 Designated 初始化方法来实现的,例如在刚刚的例子中有一个 UITableView 的子类,其子类重写的 init 方法如上所示,这其实可以看作一个 Convenience 初始化方法,因为它调用了自身的 Designated 方法,然而如果例子中不去调用 UITableView 的 Designated 方法-initWithFrame: style:,而是调用父类的[[super alloc] init],或者不重写这个方法,那么此时 init 的方法又可以看作一个 Designated 的方法,这种 Objective-C 中定义划分得并不清晰,所以导致很多 Objective-C 开发者对初始化方法的定义并不是很明确,而在 Swift 中,一切都需要井然有序地进行,即使跟 Objective-C 类似,在 init()方法前加不加 convenience 关键字会使其内部的实现不同,但这有可能是 Objective-C 迁移过来的一个缺陷。

那么到底 Designated 和 Convenience 初始化方法之间有什么关系呢?可以这样理解,一个类的 Designated 方法是对外提供的标准的初始化方法,在这个 Designated 方法中,我们已经做好了一切该做的初始化的事情,外部并不需要知道这些具体做了什么。如果该类还需要创建一些补充的初始化方法,那么必须要在内部调用当前类的一个 Designated 方法,例如 UITableView 的 init 方法就是在内部通过调用-initWithFrame: style:方法来实现的,而这些补充的方法,称为 Convenience 初始化方法。但是对于 Convenience 方法的使用来说,Objective-C 和 Swift 并不相同,在 Objective-C 中,如果子类并没有提供自己的 Designated 初始化方法,则是沿用父类的一切初始化方法,包括 Designated 和 Convenience,这也是 Objective-C 中对初始化方法分类模糊的原因;而在 Swift 中,子类只能使用父类的 Designated 初始化方法,并不能使用其 Convenience 方法,如果需要使用父类的 Convenience 方法,需要对父类 Convenience 方法中使用的 Designated 初始化方法在子类中进行重写才能使用父类的 Convenience 方法。

接下来论证一下初始化方法在 Swift 中的创建和使用。

对于 UIView 来说,可以通过其定义看出,其有两个 Designated 方法:

```
public init(frame: CGRect)
public init?(coder aDecoder: NSCoder)
```

现在假设要继承 UIView,自定义一个 MyColorView,并需要提供一个属于 MyColorView 的初始化方法:

```
import UIKit
class MyColorView: UIView {
    init(backgroundColor: UIColor) {
        super.init(frame: .zero)
        self.backgroundColor = backgroundColor
    }

    required init?(coder aDecoder: NSCoder) {
```

```
            fatalError("init(coder:) has not been implemented")
        }
    }
```

init?(coder aDecoder：NSCoder)是必须要实现的方法,如果不打算支持 Xib 或者 StoryBoard,则不用在意它的存在。我们主要关注第一个初始化方法 init(backgroundColor：UIColor),这是 MyColorView 的 Designated 方法(和 Convenience 初始化方法不同,其没有前缀修饰)。

在 init(backgroundColor：UIColor)方法的实现中,可以看到是通过调用父类的 Designated 的初始化方法,这是 init(backgroundColor：UIColor)成为 Designated 初始化方法的必要条件,如果实现换成了父类调用 Convenience 方法,或者自己调用 Designated 方法都是会报错的。

```
// 这是错误代码!
// Must call a designated initializer of the superclass 'UIView'
init(backgroundColor: UIColor) {
    super.init()
    self.backgroundColor = backgroundColor
}

// 这是错误代码!
// Designated initializer for 'MyColorView' cannot delegate (with 'self.init'); did you mean
// this to be a convenience initializer?
init(backgroundColor: UIColor) {
    self.init(frame: .zero)
    self.backgroundColor = backgroundColor
}
```

对于第二种错误示例代码,通过错误提示,系统认为开发者可能是想实现一个 Convenience 的初始化方法。所以如果 init(backgroundColor：UIColor)不是 Designated 初始化方法,则可以在前面加上一个 convenience 修饰符,表示这个初始化方法是一个 Convenience 方法,但是我们之前提到过,Convenience 初始化方法的实现需要调用当前类的 Designated 方法,所以 MyColorView 还需要重写 init(frame：CGRect)方法。

```
import UIKit
class MyColorView: UIView {
    convenience init(backgroundColor: UIColor) {
        self.init(frame: .zero)
        self.backgroundColor = backgroundColor
    }

    override init(frame: CGRect) {
        super.init(frame: frame)
    }
```

```
    required init?(coder aDecoder: NSCoder) {
        fatalError("init(coder:) has not been implemented")
    }
}
```

这两种错误的初始化方法是很多刚接触 Swift 的开发者经常容易犯错的地方,并且对于 Designated 和 Convenience 两种初始化方法的概念和区别不清楚。

本节小结

一个类的初始化方法,可能是通过当前类的另一个初始化方法实现的,也可能是通过其父类的初始化方法实现的,所以在一个类中,其他的初始化方法都会调用自身的 Designated 方法,而自身的 Designated 方法又会调用父类的 Designated 方法,所以不管类的初始化方法如何扩展,其都会汇聚到一起,而这个路径则可保证类的层级关系中所有必要变量的初始化操作。

2.3 拷贝

这里的拷贝是对于在 Objective-C 中对象的拷贝。其实说到拷贝,在 iOS 中,或者更确切地说,在 Objective-C 中我们对拷贝关注得比较多一些,并且会联想到深拷贝和浅拷贝的概念。然而 Swift 中却很少有涉及拷贝的问题,即使 Swift 下的 NSObject 对象仍然有 copy 和 mutableCopy 方法,但究其原因,创建单纯的 Swift 类并不需要继承 NSObject,而是使用 Swift 的类。另外,很多牵涉拷贝问题的数组和字典,在 Swift 中对应于 Array 和 Dictionary,不同于 NSArray 和 NSDictionary,Array 和 Dictionary 是值类型,赋值后并不需要担心其拷贝问题。本节要介绍的是在 Objective-C 中的深拷贝和浅拷贝问题。

如果现在问你,什么是深拷贝?什么是浅拷贝?你或许知道,深拷贝是深度拷贝,是拷贝一个实例对象到一个新的内存地址,而浅拷贝只是简单拷贝一个实例对象的指针。在苹果的官方文档中提供了这样一个图示,如图 2-2 所示,用于解释深拷贝和浅拷贝的不同。

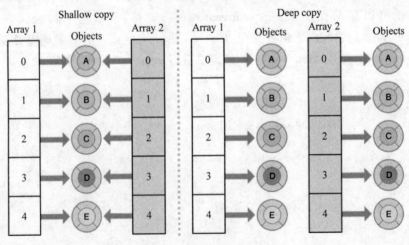

图 2-2 深拷贝和浅拷贝

从图 2-2 中可以看到,集合的浅拷贝(Shallow Copy)后的数组 Array 2 与之前的数组
Array 1 指向同一段内存区域,而深拷贝(Deep Copy)下 Array 2 与 Array 1 分别指向不同
的内存区域,从这一点来看我们刚刚所说的是正确的。

　　集合浅拷贝的方式有很多。当创建一个浅拷贝时,之前集合里面的每个对象都会收到
retain 的消息,使其引用计数加 1,并且将其指针拷贝到新集合中。

```
NSArray * shallowCopyArray = [someArray copyWithZone:nil];
NSDictionary * shallowCopyDict = [[NSDictionary alloc] initWithDictionary:someDictionary
copyItems:NO];
```

　　上面两句代码分别展示了创建数组和字典的浅拷贝对象,这是官方文档中的例子,如果
你在工程中运行,并分别打印地址,代码如下。

```
NSArray * someArray = @[@"2222"];
NSArray * shallowCopyArray = [someArray copyWithZone:nil];
NSLog(@"someArray address: %p", someArray);
NSLog(@"shallowCopyArray address: %p", shallowCopyArray);

NSDictionary * someDictionary = @{@"11": @"22"};
NSDictionary * shallowCopyDict = [[NSDictionary alloc] initWithDictionary:someDictionary
copyItems:NO];
NSLog(@"someDictionary address: %p", someDictionary);
NSLog(@"shallowCopyDict address: %p", shallowCopyDict);
```

　　运行之后可以发现打印地址为:

```
someArray address: 0x618000000910
shallowCopyArray address: 0x618000000910
someDictionary address: 0x6180000227c0
shallowCopyDict address: 0x6180000228a0
```

　　可以发现浅拷贝前后的数组所指向的内存地址是一样的,而字典所指向的内存地址发
生了变化,为何同样是浅拷贝,拷贝前后内存地址却发生了改变呢?这是因为对于数组我们
只是调用了它的 copyWithZone 方法,但由于是不可变数组,返回了自身,所以浅拷贝前后
数组的内存地址不变。而对于字典来说,shallowCopyDict 是通过 alloc、init 创建的,因此在
内存中开辟了一段新的内存空间,但对于之前字典中的对象,只是拷贝其内存地址,所以浅
拷贝前后字典的内存地址发生了变化,其实内部元素的地址是不变的。引用此例是为了说
明,在集合对象的浅拷贝中,并非是对于自身的浅拷贝,而是对于其内部元素的浅拷贝,接下
来会详细分析。

　　刚刚介绍了集合类型的浅拷贝,对于集合类型的深拷贝,将刚刚介绍的第二个方法的第
二个参数改为 YES,就是深拷贝了。

```
NSArray * deepCopyArray = [[NSArray alloc] initWithArray:someArray copyItems:YES];
```

　　通过将第二个参数设置为 YES,我们实现了对数组的深拷贝。在深拷贝中,系统会向

集合中的每一个元素对象发送一个 copyWithZone:消息,该消息是来自于 NSCopying 协议,如果有对象没有实现该协议方法,那么就会导致崩溃,如果实现了该方法,那么会根据该方法的具体实现,实现具体的深拷贝。看一下下面这一段代码:

```
NSString * str = @"2222";
NSArray * someArray = @[str];
NSArray * shallowCopyArray = [someArray copyWithZone:nil];
NSArray * deepCopyArray = [[NSArray alloc] initWithArray:someArray copyItems:YES];

NSLog(@"someArray address: %p", someArray);
NSLog(@"shallowCopyArray address: %p", shallowCopyArray);
NSLog(@"deepCopyArray address: %p", deepCopyArray);

NSLog(@"someArray[0] address: %p", someArray[0]);
NSLog(@"shallowCopyArray[0] address: %p", shallowCopyArray[0]);
NSLog(@"deepCopyArray[0] address: %p", deepCopyArray[0]);
```

在运行打印之前,我们不妨猜猜看打印结果如何。鉴于之前介绍的浅拷贝的示例代码,我们有可能会认为上面代码中的 shallowCopyArray 和 deepCopyArray 是不一样的,这可以理解,因为 deepCopyArray 是通过 alloc、init 创建的,但最起码这两个数组的首元素地址是不一样的。然而,运行后发现打印结果为:

```
someArray address: 0x618000018840
shallowCopyArray address: 0x618000018840
deepCopyArray address: 0x618000018850
someArray[0] address: 0x108f61098
shallowCopyArray[0] address: 0x108f61098
deepCopyArray[0] address: 0x108f61098
```

打印的前三行结果与我们的猜测一致,只是后面三行打印的是相同的内存地址,让我们觉得有些意外,明明采用的是浅拷贝和深拷贝,结果却出现相同的内存地址,着实有些摸不着头脑。

实际上原因是这样的,前面说到,集合类型的深拷贝会对每一个元素调用 copyWithZone:方法,这就意味着刚刚后面三行打印是取决于该方法,在深拷贝时对于第一个元素,调用了 NSString 的 copyWithZone:方法,但由于 NSString 是不可变的,对于其深拷贝创建一个新内存是无意义的,所以我们可以猜测在 NSString 的 copyWithZone:方法中也是直接返回 self 的,所以浅拷贝时是直接拷贝元素地址,而深拷贝是通过 copyWithZone:方法来获取元素地址,两个结果是一样的。

如果将 str 的类型改动一下,将其改为 NSMutableString 类型:

```
NSMutableString * str = [[NSMutableString alloc] initWithString:@"2222"];
```

就可以看到打印的元素地址发生了变化:

```
address: 0x608000017160
```

```
shallowCopyArray address: 0x608000017160
deepCopyArray address: 0x608000017170
someArray[0] address: 0x608000263300
shallowCopyArray[0] address: 0x608000263300
deepCopyArray[0] address: 0xa000000323232324
```

除了浅拷贝和深拷贝,还有一个完全深拷贝的概念。什么是完全深拷贝?就是对对象的每一层都是重新创建的实例变量,不存在指针拷贝。举个例子,在对数组的归档解档时,其实就是完全深拷贝。

```
NSArray * trueDeepCopyArray = [NSKeyedUnarchiver
unarchiveObjectWithData:[NSKeyedArchiver archivedDataWithRootObject:oldArray]];
```

但完全深拷贝不仅是在归档解档中存在,在其他的情景下也有实现。

对于深拷贝来说,自身如何拷贝取决于实例方法中 copyWithZone:如何实现,对于下一级一般还是采用浅拷贝的方式,这称为集合类型的单层深拷贝。

对于以上介绍的三种拷贝,可以总结为以下几个方面。

(1)浅拷贝:在浅拷贝操作时,对于被拷贝对象的每一层都是指针拷贝。

(2)深拷贝:在深拷贝操作时,对于被拷贝对象,至少有一层是深拷贝。

(3)完全拷贝:在完全拷贝操作时,对于被拷贝对象的每一层都是深拷贝。

介绍完了集合类型的拷贝问题,下面看一下非集合类型的拷贝问题。

首先看一下关于不可变对象,在调用 copy 方法和 mutableCopy 方法时有什么区别。

```
NSString * string = @"123";
NSString * stringCopy = [string copy];
NSMutableString * stringMCopy = [string mutableCopy];
NSLog(@"string address: % p", string);
NSLog(@"stringCopy address: % p", stringCopy);
NSLog(@"stringMCopy address: % p", stringMCopy);
```

我们采用的实验对象是 NSString,NSString 是不可变的对象,所以分别对其进行 copy 和 mutableCopy 时会看到控制台打印结果为:

```
string address: 0x109816088
stringCopy address: 0x109816088
stringMCopy address: 0x60800007fa80
```

可以看到,对 NSString 进行 copy 只是对其指针的拷贝,而进行 mutableCopy 是真正重新创建一份新的 NSString 对象。之前介绍过,写定的字符串是存在于内存的常量区,因此可以看到两处地址的位置相差甚远。并且前面也说到,copy 方法是与 NSCoping 协议相关的,而 mutableCopy 是与 NSMutableCoping 协议相关的,对于 NSString 这样不可变的系统类来说,copy 后返回自身是比较好理解的,因为 NSString 是不可变的,对其 copy 也仍然是相同的内容,因此 copy 后仍然是同样的内存地址,而 mutableCopy 表明你或许真的需要一份新的可变对象,因此对 NSString 进行 mutableCopy 后会返回一个 NSMutableString

对象。

如何对于一个 NSMutableString 来调用 copy 和 mutableCopy 方法呢？

```
NSMutableString * mString = [[NSMutableString alloc] initWithString:@"123"];
NSString * copyMString = [mString copy];
NSString * mCopyMString = [mString mutableCopy];
NSLog(@"mString address: %p", mString);
NSLog(@"copyMString address: %p", copyMString);
NSLog(@"mCopyMString address: %p", mCopyMString);
NSLog(@"copyMString is mutable? %@", [copyMString isKindOfClass:NSMutableString.class] ?
@"YES" : @"NO");
NSLog(@"mCopyMString is mutable? %@", [mCopyMString isKindOfClass:NSMutableString.class]
? @"YES" : @"NO");
```

我们对 NSMutableString 对象分别进行了 copy 和 mutableCopy，打印结果如下。

```
mString address: 0x61000006e340
copyMString address: 0xa000000003332313
mCopyMString address: 0x61000006e600
copyMString is mutable? NO
mCopyMString is mutable? YES
```

从打印结果来看，对于 NSMutableString 来说，其 copy 的返回值是一个不可变字符串，而 mutableCopy 的返回值才是一个可变字符串，即使这三者是不一样的内存地址，即为三个对象。在 Foundation 和 UIKit 框架中，类似于 NSString 和 NSMutableString 这样的非集合对象且分为可变与不可变的并不多，但对于 copy 和 mutableCopy 方法的实现来说原理都是一样的，即对可变类型的对象 copy 结果为不可变，mutableCopy 为可变。

结果也可以被看作：

- [immutableObject copy] //浅复制
- [immutableObject mutableCopy] //深复制
- [mutableObject copy] //深复制
- [mutableObject mutableCopy] //深复制

例如刚刚提到的 NSString 和 NSMutableString，如果一个类分为可变和不可变两种时，应当同时实现 NSCoping 和 NSMutableCoping 协议。而对于我们日常开发中常见的类，却并没有可变和不可变之分，所以也就不用实现 NSMutableCoping 协议，如果需要实现浅拷贝和深拷贝，只要实现 NSCoping 协议即可，如果自定义的类需要实现浅拷贝，则在实现 copyWithZone: 方法时返回自身，而需要实现深拷贝时，在 copyWithZone: 方法中创建一个新实例对象返回即可。对于所谓的深拷贝，其实应当取决于每一层对象本身，如果需要达到完全深拷贝，则每一层对象都应当在 copyWithZone: 方法中创建好新的对象，如果每一层都为深拷贝做好准备，那么对最外层拷贝就是完全深拷贝。

最后一个关于拷贝的说明，是在类中声明属性时有个 copy 的修饰符，一般用于修饰字符串和 block 以及一些字典和数组。那么为何要声明成 copy，而不声明成 strong 呢？这有什么区别吗？看以下的代码：

```
@property (nonatomic, copy) NSMutableString * oneString;

self.oneString = [[NSMutableString alloc] initWithString:@"123"];
NSString * copyOneString = self.oneString;
NSLog(@" copyOneString is mutable? % @", [copyOneString isKindOfClass: NSMutableString.
class] ? @"YES" : @"NO");
```

其打印结果是 NO,而当我们把 copy 换成 strong 时,则打印结果就为 YES 了。

这其实并不复杂,在使用 copy 时,会对属性的 setter 方法进行判断,对属性进行 copy,根据属性是否为可变,则与上面说到的逻辑相同,如果为可变,则返回一个新的不可变对象,即为不可变字符串,而对于不可变则直接返回 self,即为可变字符串。如果修饰符为 strong,则是直接对其引用,并没有执行 copy 方法,所以区别在这里。如果这里的属性换成数组或者字典,则原理是一样的。只是 block 稍微有些不同,因为在 MRC 中,block 需要显式地 copy 到堆中,而 ARC 中如果引用外部变量赋值时便会自动拷贝到内存中,所以 block 在 ARC 下使用 copy 和 strong 无异。对于 NSString 来说,作为不可变对象来说,修饰符为 copy 时,执行 copy 方法仍然返回自身,strong 修饰也是返回自身,所以对于 NSString 这样的不可变对象来说,使用 strong 和 copy 也是一样的。

本节小结

(1)了解浅拷贝是指针拷贝,深拷贝是至少有一层对象拷贝,而完全拷贝是真正意义上的完全深拷贝;

(2)不可变对象的 copy 操作是指针拷贝,mutableCopy 是对象拷贝,而可变对象因为实现了 NSCoping 协议,因此不管 copy 操作还是 mutableCopy 操作都是对象拷贝;

(3)了解属性修饰符 copy 和 strong 的区别以及对字符串、block 和可变集合类型的影响。

2.4 数组与集合

不仅仅是 iOS 开发的 Objective-C 和 Swift 语言,很多其他的开发语言都有集合的概念,数组和字典以及 Set 是比较常见的形式。关于集合的数学理论相信读者在中学时期就有学习过,其定义是:由一个或多个确定的元素所构成的整体叫作集合。你是否还记得数学中集合的三大特性呢?

集合的三大特性:

(1)确定性;

(2)互异性;

(3)无序性。

除了集合的三大特性,还有一个关于集合比较重要的知识是集合的运算。

集合的运算包括子集、判等、交集、并集、补集、密集等,在编程语言中仍然提供这些关于集合运算的数学方法,如果需要经常对集合类型的数据结构进行操作就会用到。

在 iOS 中,集合的编程模型对应 NSSet 这个类,与数学理论中集合的特性保持一致,但对编程语言来说,无法在编译时就确定元素是否有互异性,因此可以添加相同的元素,但内部对添加的相同元素仅会保持一个。

```
NSSet * set = [NSSet setWithObjects:@1, @1, @2, @5, @3, @1, nil];
NSLog(@"set: %@", set);
```

打印结果如下。

```
set: {(
    3,
    2,
    5,
    1
)}
```

可以看到我们在代码中放了三个 NSNumber 类型的 1,但编译器不会给我们报错,并且在内部保持了集合的统一性。另外需要注意的一点是,Set 是无序的,或许你会发现上面的代码无论怎么运行,结果都是 3、2、5、1,虽然每次输出一致,但其打印与我们在代码中的放置顺序来说没有关联,所以仅把 Set 当作一系列没有顺序也没有索引的对象集合即可。

或许在实际开发中我们用了太多的数组和字典的集合类型,对于集合来说似乎很少甚至并没有用到过。对于集合来说,一般不用集合则首选数组,因为集合和数组有个共同点,就是没有键值,仅仅是一个个对象,只不过数组是有序的,而集合是无序的。其实集合对于数组来说在某些方面是有优势的,首先集合更灵活,并且在检查元素是否存在时比数组更快,而且在对于可变的数组和集合来说,集合增删更快。至于原因后面会讲到,下面举一些适用集合的例子。

假设你现在正在做一个页面,这个页面是中国所有城市的列表,你可以选中任意个数的城市,如果已经选中再单击则取消选中。这样或者类似的场景,在开发中是会经常遇到的,如果是这个需求,你可能要去维护一个数组或者集合来存放选中的城市,当用户单击某一个城市的时候,你需要判断这个城市是否已经被选中,而被选中的判断来自于是否在你的数组或集合中。这个时候如果使用数组,需要调用数组的-(BOOL)containsObject:方法来判断是否存在,如果选中城市的数组量比较少还好,如果很多,甚至到几百个,再加上找到之后做增删处理,虽然处理器速度很快,但此时用数组已经不如使用集合了。其实不仅是上面这个例子,集合的使用经常会遇到,例如,在-touchBegan 系列方法中,一系列 UITouch 对象就是存放在 NSSet 中。还有一种情况,假设你封装了一个轮播图控件,需要有一个重用池来存取用于展示的单个视图,虽说这样的情况下并不会存放很多的视图,但是可以肯定的是重用池中的对象是无序排列的,因此用数组肯定不大合适,用集合来说更好一些。除了这些,从计算角度来说,如果有两组对象需要取交集,用数组需要双层 for 循环来实现,而集合直接提供数学方法就可以做到这一点。

对于集合和数组的比较来说,集合的优势不仅是更灵活,还有一点是无序,在使用时应该更注意这些情况,尽量在代码中使用更为合适恰当的做法。

以上介绍了集合的概念及其使用优点,与数组做比较是为了着重介绍数组的数据结构。

那么,数组到底是什么数据结构呢? 在此之前先来讨论一个问题,就是数组的可变形式是什么原理。

我们知道，NSMutableArray 是 NSArray 的子类，而 NSArray 是不可变的，如果需要改变，只能重新赋值一个新的数组，或者采用 NSMutableArray。有人觉得可能是在 NSMutableArray 内部实现中，如果进行增减，将是重新生成一个 NSArray 对象包装成 NSMutableArray。且不说这样做的效率问题，很明显，频繁的增删将会做很多无用功，并创建开辟了大量的内存空间。下面写个简单的代码看一下：

```
NSMutableArray * arr =[NSMutableArray new];
NSLog(@"%p %p", arr, &arr);
[arr addObject:@1];
NSLog(@"%p %p", arr, &arr);
[arr addObject:@2];
NSLog(@"%p %p", arr, &arr);
```

运行之前可以先进行分析，打印的第一个值是可变数组在堆上的地址，第二个值是 arr 变量在栈上的地址，如果是上面所假设的那样，那么可能发生这两个打印结果有一个会变化。我们看一下打印结果：

```
0x60800005f770 0x7fff5b284a08
0x60800005f770 0x7fff5b284a08
0x60800005f770 0x7fff5b284a08
```

发现前后的地址都没有变化，说明并不是通过创建新数组来替换实现增数组元素的。那么到底 NSMutableArray 是如何实现的，与 NSArray 有何不同呢？其本质还是因为它们在内存中的存储方式不同。

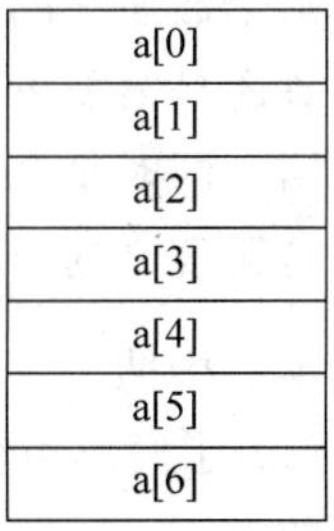

对于不可变数组来说，大多数编程语言都是将数据元素存在一片连续的地址空间中，如图 2-3 所示。

数组的地址是其首元素的地址，即是 a[0] 的地址，并且由于数组是连续的，我们可以很方便地查找出任意元素所在的位置，例如想找到 a[5]，通过 a[0] + 5×sizeof(T)，其中，T 为数组每个元素的类型，通过直接的一个计算就可以找到数组中任意元素的位置，时间复杂度为 $O(1)$，因此对于数组来说，查找很快。

a[0]
a[1]
a[2]
a[3]
a[4]
a[5]
a[6]

图 2-3　数组存储方式

与数组对应的，还有一种数据结构叫作链表。链表在实际开发中很少用到，在一些第三方库中会比较常见。跟数组类似，链表也是一种有序的数据组，但主要的不同是链表在内存中的存储方式与数组不同，数组是一片连续的地址空间，而链表是可以不连续的，如图 2-4 所示。

链表是通过节点的概念来实现的，也就是一个节点包括下个节点指针以及当前节点的值两部分（这里仅以单向链表来说明）。一个链表的形成是通过一个节点的下个节点指针指向下个节点来实现的，这样一个接一个，最终形成一个链表。从图 2-4 可以看到，链表是会存在于不连续的地址空间，而且会存在于一些可用的地址碎片中，并且顺序也不一定按照地址存放的顺序。对于链表来说，如果需要进行查找，将是比较麻烦的操作，因为不像数组一样通过计算就可以找到位置，而是需要从头到尾逐个查找，这个时间复杂度为 $O(N)$。

上帝为你关了一扇门，就会为你开一扇窗。链表查找不如数组，但如果要比删除元素，

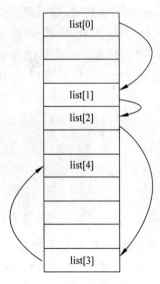

图 2-4　链表存储方式

则链表完胜数组,因为链表只需要将要删除节点的前一个节点的下个节点指针指向要删除节点的下个节点即可。举个例子,如果要删除 list[2],只要将 list[1]的下个节点指针指向 list[3]即可,增加节点类似。这是数组所不能比拟的,在其他语言中,如果数组需要插入或删除一个元素,后面的元素都要进行相应的位移操作来保证数组的连续性。但是,在 iOS 中并不是这样的,或者说,对于 Objective-C 的 NSArray 和 NSMutableArray 来说并不是这样的。

事实上,对于 NSArray,与其他语言的数组一样,实现方式是上面介绍的数组方式,这也是 NSArray 不可变的原因,是避免增删操作要对后续元素进行调整,单单保持了数据查找的快速特点;而对于 NSMutableArray 来说,虽然是 NSArray 的子类,但实现方式与 NSArray 不同,采用的是上面介绍的链表方式,所以对于 NSMutableArray 来说,查找元素显得不如 NSArray 快速,但增删元素却很方便,这也解释了上面的实例代码对 NSMutableArray 进行删减而地址不变的原因。

对于本节一开始所介绍的集合来说,虽然我们一再强调其是无序的,但在实际存储方式中,依然是以一种有序的存储方式来实现的,这也说明了为什么打印结果顺序始终是不变的,至于其排序规则,我们暂不得知,但可以确定的是,按照这种顺序,可以根据二分查找来找到某个数所在的位置,但对于数组来说,找某个位置的元素很方便,但找具体某个数所在的位置还是需要 for 循环遍历一次,这也就是为什么集合与数组相比,集合查找某个数更快的原因。同时集合不对外提供根据下标来查找的原因是因为按照集合某种规则的存储顺序对外是无意义的,集合只负责对外快速查找,外部不需要关心内部的实现。

本节小结

(1) 了解不可变数组的存储方式是一串连续的地址空间存储的形式,对于可变数组是链表的方式;

(2) 集合类型与数组有一些类似的地方,并在一些使用场景下,集合类型更加方便;

(3) 数组与链表的区别是,数组查找更快,而链表增删更快。

2.5　字典与哈希表

字典和数组一样,是开发中比较常用的集合类型,用于表示和存储键值的对应关系,并且在某些特定的情景下可以直接看作一个对象的表现形式。一个键值对在字典中表示一个条目,每个条目由一个键和一个值组成,并且键是唯一的,即没有两个键是完全相等的。键可以为任意实现 NSCoping 协议的对象,但如果键不是 NSString 类型的话,则不能使用 KVC 来存取值,因为 KVC 的键必须是 NSString 类型。

```
NSMutableDictionary * d = [NSMutableDictionary new];
d[@"aa"] = @"aa";
```

```
NSDictionary * dd = [NSDictionary new];
d[dd] = @"bb";
NSLog(@"%@", d);
```

打印结果如下。

```
{
    {
    } = bb;
    aa = aa;
}
```

上面的一小段代码展示了键其实可以不仅仅为字符串类型。

另外对于键值对来说,无论是键还是值在 Objective-C 中都不能为 nil,如果传了一个 nil,将会引起 crash。

上面介绍了字典的一些小细节,接下来要对字典的结构和工作原理进行解析。如果你经常使用字典的话,在打印的时候或许会发现字典内容的打印结果顺序都是不固定的,这其实涉及字典的一个很重要的概念——哈希表。

在介绍哈希表之前,先了解一下为什么叫它字典,在一些其他的语言中也称作 Map。相信大多数开发者在刚接触开发时会对此有疑惑,因为字典对于我们来说就是中小学时期用的新华字典、英汉词典之类。而一个计算机的数据结构也这样称为字典,不是因为它是一本可供开发者查阅的资料库或者开发手册,而是其结构以及逻辑上的查阅方式与字典类似。拿英汉词典举例,所有的单词在词典中都是独一无二的,可能你会说有些单词有多种含义,但仍然不影响其唯一性。单词只是一个键,我们查阅词典更多的是为了了解这个单词的意思,也就是这个键对应的值。当然很多单词可能是同一个意思,但只要键不相同,值相同都是可以的。

对于字典和数组的关系,有些时候是有些类似的。比如你可以将数组当作一种字典的形式,数组的键就是其索引,数组的每个位置对应一个值,就好比字典的键值对,位置是不可能重复的,键也是不能重复的,所以让人感觉其中有些关联。当然也可以把字典理解为一种数组,字典的键可以通过某些特定的算法转化为字典的索引,类似地,这都是我们主观上的理解。

那什么是哈希表呢? 我们可能更多地听过哈希算法,NSObject 类中带有一个名为 hash 的属性,对象实例可以通过该属性获取到该对象的哈希值。另外,哈希值可能是有重复的。值得注意的是,由于字符串是比较特殊的类型,其 hash 值可以根据其字符串经过特定方式获取,其他类型对象的 hash 值一般都为其地址的十进制数。

哈希表又称散列表,是根据关键码值而直接进行访问的数据结构,即通过关键码将值映射到表中的某个位置来存储和访问,以加快查找的速度。哈希表是字典的实现原理,字典通过哈希表来存储数据,而读取的时候也是通过哈希表来获取对应的值。无论哈希表中有多少数据,增删操作的时间复杂度都为 $O(1)$,相当于无须查找,直接定位对其操作。哈希表的运算能力特别强,在大部分的计算机程序中,如果需要在一秒的时间内查找上千条记录,通常会使用哈希表,哈希表的查找速度比二叉树还要快。

然而如我们通常所说,计算机程序的优化大部分是时间换空间,或者空间换时间。哈希表查找数据的快速通常基于其占用的空间比较大,不过我们可以根据哈希表的具体情况进行优化。实际上哈希表的实现在一定程度上是基于数组,因此需要根据存储数据的个数来切换不同规模的哈希表。切换哈希表比较耗时,但一般只有在数量变化从一个数量级变成另一个数量级时才会触发。

哈希表的存储方式到底是怎么样的?我们先举一个例子:在一个大学中某一届新生来自五湖四海各省市,现在需要将这些学生信息按照一定的顺序存储到哈希表中,对这些学生是如何存储排序的呢?我们想到的是鉴于每个人的身份证号码都是唯一的,可以根据身份证号码进行排列。

先简单介绍一下身份证号码的规则。身份证号码的前6位是属于地址码,第一位和第二位组合起来表示省、直辖市、自治区和特别行政区,第三位和第四位是城市代码,第五位和第六位是市辖区、郊区、郊县、县级市代码。例如,安徽省合肥市肥东县的代码为340122,安徽省的代码为34,合肥市代码为01,而肥东县的代码为22。读者可以根据自己的身份证号码验证一下。

回到刚才的问题,存储某一届新生的信息,如果学生信息很少,只有一二十个并且来自不同的省、直辖市,那么可以直接根据身份证号码前两位进行排序存储,读取时只要根据前两位就可以直接查找到该学生的信息,但实际上学生远远不止一二十个,并且肯定会有来自同一个省的学生,这样就会造成冲突,即某一个省的代码对应多个学生的信息。这个时候就需要对哈希表进行扩容。在扩容之前,先用图2-5表示一下当前的情况。

中国的省、直辖市、自治区、特别行政区一共有34个,所以我们对哈希表进行分组,分为34个组。由于当前每组最多只有一个学生信息,所以可以直接通过身份证前两位直接查找到该学生的信息。同时上面刚刚也说到,来自某个省的学生肯定不止一个,如果需要有多个的话,则需要对哈希表的对应组进行扩容(注意,这里不是对每个组都需要扩容,只是对不够用的组进行扩容)。假设现在又有一位来自四川南充的学生小罗需要加进来,虽然我们对四川的组扩容过了,我们还通过51来查找对应学生信息,发现会有小何(四川成都)和小罗两个信息,此时就发生了冲突,仅通过身份证前两位并不能找到对应的学生信息,所以需要对四川组内的学生信息的索引进行修改,如图2-6所示。四川成都对应的代码为5101,四川南充对应的代码为5113。

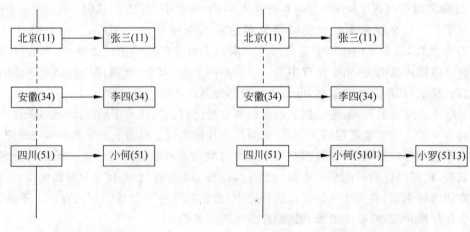

图 2-5　学生信息哈希存储示意　　　　　图 2-6　学生信息哈希存储扩容

通过重新修改四川组内的学生信息索引,现在又可以查找到对应的学生了。如果再有冲突,与上面类似,根据身份证号码接下来的几位进行进一步区分即可。

在以上的示例中,我们简单地以身份证号码举例来解释了哈希表,及其解决冲突所用的拉链法,即通过数组的每一项对应一个链表的形式。其中,为了达到效果我们简化了一些操作,例如,触发哈希表某个组扩容的条件并不一定非要在这个组满之后才会扩容,可以设置一个范围,例如,达到组中链表总数的 3/4 即可。同时默认的每组容量也不会只有一个,不同的编程语言会有不同的设置个数,一般为 16 个,不能太多或太少,如果太多则遍历时会变慢,太少则容易触发扩容。另外,学生的身份证号可以当作哈希表中的索引,或者代码中的哈希值。

再回到我们的字典,字典的键一般为字符串,而字符串会有特定的方式来获取特定的哈希值,其键的唯一性,加上内部实现会避免键的哈希冲突,来保证键的哈希结果的唯一性。我们存储的键值对,将键通过特定的哈希函数,先获取到哈希值,然后根据这个哈希值可以找到要查找的数据在字典中的位置,并返回其在内存中的地址。

在哈希表中,需要让哈希函数返回的结果尽可能少地产生冲突,产生的冲突越少,则表示哈希表的效率越高。如何减少哈希函数产生的冲突?

(1)需要将哈希函数的返回数据在哈希表中的位置尽可能分布均匀,避免集中在某些组中;

(2)当冲突产生时需要更快更方便的方式来解决冲突,提供再深一级的哈希码;

(3)每组中应保持适当的链表个数,并控制触发扩容的装填因子 α=填入链表中的数据个数/链表的总数。装填因子一是控制扩容,二是避免哈希冲突。

最后来一起了解一下哈希,到底什么是哈希?哈希值是怎么得到的?哈希值是通过哈希算法得到的,MD5 和 SHA-1 是当前最流行的哈希算法。这与字符串的哈希方法不大一样,其他对象的哈希方法返回其地址的十进制数,字符串的哈希方法返回的是对其每一位字符进行哈希并加上一定的权值和偏移操作得到的。一般来说,如果字符串的位数小于 96 位是比较安全的,如果大于 96 位,仅会对其前中后的 32 位做特定哈希运算。对于以字符串为键的字典来说,并不一定是按照这种方式来获取唯一的哈希值,任意通过哈希算法加上一些自定义的操作所得到的结果都可以叫作哈希值。

本节小结

(1)了解字典的存储方式是哈希表的数据结构;

(2)哈希表的存储方式是以数组为基础,每个元素是一个链表,链表上元素的查找是根据特定的哈希算法决定的,并尽量避免哈希冲突。

2.6 KVC

KVC(Key-Value-Coding)是 Cocoa 框架为我们提供的非常强大的工具,简译为键值编码,也可以直接理解为 NSKeyValueCoding。KVC 依赖于 Runtime,在 Objective-C 的动态性方面发挥了重要作用。

KVC 的主要功能是直接通过变量名称字符串来访问成员变量,不管是私有的还是公有的,这也是为什么对于 Objective-C 来说,没有真正的私有变量。一是可以利用 Runtime 直接获取所有成员变量,二是通过 KVC 对成员变量进行访问读写。在实际开发中,也经常会使用 KVC 来帮助我们更方便地进行开发。以下列举一些 KVC 的使用场景。

2.6.1 对象关系映射

ORM(Object Relational Mapping,对象关系映射),说白了就是将 JSON 转换为对象。在 iOS 开发最初的一段时间,还没有比较特别好的第三方 Model 解析库出现时,广大的开发者一般是使用 NSKeyValueCoding 提供的方法来做。相信有些读者也接触过此类开发方法。

```objectivec
// Person.h
# import <Foundation/Foundation.h>
@interface Person : NSObject
@property (nonatomic, copy) NSString * name;
@property (nonatomic, copy) NSNumber * age;
@property (nonatomic, copy) NSString * address;
@end
// Person.m
# import "Person.h"
@implementation Person
- (void)setValue:(id)value forUndefinedKey:(NSString * )key {
    NSLog(@"UndefinedKey: % @", key);
}
@end


// Person.m
# import "Person.h"
@implementation Person
- (void)setValue:(id)value forUndefinedKey:(NSString * )key {
    NSLog(@"UndefinedKey: % @", key);
}
@end


// ViewController.m
# import "ViewController.h"
# import "Person.h"
@interface ViewController ()
@end
@implementation ViewController
- (void)viewDidLoad {
    [super viewDidLoad];
    NSDictionary * personDic = @{
                                @"name": @"xiaoming",
                                @"age": @20,
                                @"address": @"China Beijing",
                                @"phone": @"13000000000"
                                };
    Person * person = [[Person alloc] init];
```

```
    [person setValuesForKeysWithDictionary:personDic];
}
@end
```

2.6.2 对私有属性访问

在我们使用一些系统控件时,对一些内部属性系统往往并没有暴露给我们,需要我们使用 KVC 对其访问。例如,在使用 UITextField 时,对于设置 placeholder 的 textColor 时只能通过 attributedPlaceholder 这样的 NSAttributedString 来设置,并且每次更改都需要这样设置一遍,有些麻烦。可以通过 KVC 来获取其"_placeholderLabel"这样一个 UILabel,并直接对其赋值颜色。

```
UITextField * t = [[UITextField alloc] initWithFrame:CGRectMake(100, 100, 200, 50)];
t.placeholder = @"12345";
UILabel * placeholderLabel = [t valueForKey:@"_placeholderLabel"];
placeholderLabel.textColor = [UIColor redColor];
[self.view addSubview:t];
```

在这第二种场景中,需要有一些注意的地方。在苹果对一些系统控件的实现过程中,很多子控件使用了懒加载,即用到时才会去创建实例,所以利用 KVC 进行访问时,需要在恰当的时机,例如上面的 UITextField,只有在设置过 placeholder 后才能获取到 placeholderLabel 对应的实例变量,否则在设置 placeholder 之前取到的是 nil。另外一个需要注意的地方,虽然采用 KVC 访问一些私有的成员变量不属于使用私有 API,上线时不太会因此被拒,但值得注意的是,这些私有的成员变量可能会随着 iOS 版本的不同有所变化,例如,导航栏的私有属性在 iOS 11 上就与之前 iOS 版本的不尽相同,如果通过 KVC 直接对一个不存在的属性进行 setValue:forKey:赋值,则会直接导致崩溃。所以使用 KVC 访问私有变量时需要慎用,当然也可以仿照上面 UITextField 的写法,先将对象取出来,再进行相应赋值,如果没有取到,则为 nil,再进行操作不会有影响。

2.6.3 控制是否触发 setter、getter 方法

有些时候为了监控某个属性的值访问情况会重写其 setter 或 getter 方法,但只在特定的情况下触发,通过其他某种方式不触发 setter 或 getter 方法,我们可以通过 KVC 来做。例如上面的 Person 类,重写 name 属性的 setter 方法如下。

```
// Person.m
- (void)setName:(NSString * )name {
    _name = name;
    NSLog(@"setName: %@", name);
}

// ViewController.m
- (void)viewDidLoad {
    [super viewDidLoad];
```

```
        NSDictionary * personDic = @{
                                @"name": @"xiaoming",
                                @"age": @20,
                                @"address": @"China Beijing",
                                @"phone": @"13000000000"
                                };
        Person * person = [[Person alloc] init];
        [person setValuesForKeysWithDictionary:personDic];

        [person setValue:@"zhangsan" forKey:@"_name"];
}
```

打印结果如下。

```
setName: xiaoming
```

只有在[person setValuesForKeysWithDictionary：personDic]时触发过一次 setName：的方法，而通过 KVC 给_name 赋值并不会触发，如果也想触发的话，可以将"_name"改成"name"来实现。

```
[person setValue:@"zhangsan" forKey:@"name"];
```

打印结果如下。

```
setName: xiaoming
setName: zhangsan
```

可以根据实际需求，选择 KVC 的使用方法。而出现这种情况是因为 KVC 的查找成员变量的机制。

如果一个实例对象用 KVC 来访问其成员变量，则会按照以下的顺序来进行查找，例如我们调用的方法是：

```
[person setValue:nil forKey:@"xxx"];
```

(1) 访问 setXxx：方法；

(2) 访问_xxx 成员变量；

(3) 访问_isXxx 成员变量；

(4) 访问 xxx 成员变量；

(5) 访问 isXxx 成员变量。

以上是 KVC 查找的过程，只有在某一步找到才会不继续向下查找，否则会按照上面的顺序逐个查找，如果到最后一个也找不到，那么就会调用 setValue：forUndefinedKey：方法。

值得注意的是，KVC 的协议 NSKeyValueCoding 为 NSObject 对象扩展了一个布尔类属性：accessInstanceVariablesDirectly，默认为 YES，如果重写并返回 NO，则-valueForKey：，

-setValue:forKey:, -mutableArrayValueForKey:, -storedValueForKey:, -takeStoredValue:forKey:,-takeValue:forKey:这些方法都将不起作用,这也是禁用 KVC 的方法。但是我们在之前调用的方法 setValuesForKeysWithDictionary:仍然可以使用。

2.6.4 KVC 进阶用法

当然 KVC 不仅是访问成员变量这么简单,苹果为 KVC 还增加了一些高级的用法,方便开发者在代码中更加方便地使用。这些高级用法包括 keyPath 访问、集合类型访问、KVC 验证、数学运算等。

1. keyPath 访问

读者对于 keyPath 访问可能并不陌生,在一些 ORM 库中经常会支持通过 keyPath 来映射赋值。举个例子,回到刚才 UITextFiled 的场景,我们知道 UITextField 有一个"_placeholderLabel"成员变量,它是一个 UILabel 的实例,我们获取到该 UILabel,并对其 textColor 属性赋值,达到了想要的效果。但实际上可以一步完成的操作被我们分为两步,那一步操作就是通过 keyPath 来实现:

```
UITextField * t = [[UITextField alloc] initWithFrame:CGRectMake(100, 100, 200, 50)];
t.placeholder = @"12345";
[t setValue:[UIColor cyanColor] forKeyPath:@"_placeholderLabel.textColor"];
[self.view addSubview:t];
```

2. 集合类型访问

集合类型包括数组、字典和集合,其中,集合还分为有序和无序。对于我们的 Person 类,现在需要加一个属性 friends:

```
@property (nonatomic, strong) NSMutableArray * friends;
```

然后我们在 Person.m 中发现会有提示下面等一系列相关方法:

```
- (NSUInteger)countOfFriends;
- (id)objectInFriendsAtIndex:(NSUInteger)index
- (NSArray *)friendsAtIndexes:(NSIndexSet *)indexes
```

这是 KVC 帮我们针对 friends 属性添加的一系列方法中的几个,表示对 friends 属性支持 KVC 集合类型,目的是方便我们使用 KVC 时对其进行便捷式访问。那到底什么是 KVC 对集合属性的便捷式访问呢? 假设一下,如果我们要通过 KVC 获取到 Person 对象的 friends 属性,并添加一个 friend,那么如果不使用 KVC 集合类型访问,可能需要这么写:

```
NSMutableArray * friends = [person valueForKey:@"friends"];
[friends addObject:[Person new]];
```

通过 KVC 集合类型访问,可以将两行代码合并为一行:

```
[[person mutableArrayValueForKey:@"friends"] addObject:[Person new]];
```

是不是感觉方便了一些？可能你会觉得，如果单单是为了减少一行代码，可能并没有什么意义，难道少一行代码就表示是优秀的代码？当然不仅如此，实际上这种 KVC 集合类型的访问还有一个好处，就是可以对于不可变的集合类型，提供安全的可变访问。在上面的部分，我们的 friends 属性是可变数组，如果改成不可变数组 NSArray，那么再对其进行添加对象，使用上面的两种方法就会不一样，前者会如前面所遇到的情况一样直接 crash，而后者则会安全地访问，即使是不可变数组，也可以增加数组元素。但我们知道对于 NSArray，是不可变的，这在 Person 实例创建好时就确定了，我们对其添加元素，并不是不可变数组可以添加元素，而是在用 KVC 进行集合类型访问时，如果是不可变数组，在添加元素时会重新创建一个不可变数组对象，然后将 friends 属性指向新创建的不可变数组。虽然使用这种方式不会引起崩溃，但我们在创建 Person 类的时候，既然将 friends 属性设置为不可变数组，那么就应该考虑避免再向其添加对象，因为这就与最初的逻辑相左了。任何事情都有两面性，对于这种情况，开发者应该了解 KVC 结合类型访问的便捷性和安全性，同时也要注意这样做带来的逻辑上的矛盾。

3. KVC 验证

前面提到过几次，使用 KVC 是有风险的，因为是通过字符串去访问实例变量，虽然 KVC 提供了复杂的查找逻辑来帮助对应到相应的成员变量，但仍然会发生找不到的情况。例如，我们使用-setValue:forKey 来对对象进行赋值访问，如果 key 不存在，将会导致崩溃。这是非常糟糕的，因为不仅从开发者的角度上，从产品业务的角度上说，崩溃也是不想见到的情景。

例如，我们对 Person 进行如下 KVC 赋值操作：

```
[person setValue:@"123" forKey:@"abcdefg"];
```

对 Person 实例的一个不存在的属性进行赋值，这当然会以崩溃收尾。如果想避免崩溃，需要做一些额外的处理。

注意这里和一开始我们介绍的 UITextField 访问"_ placeholderLabel"没有访问到不是同一种情况。_placeholderLabel 是 UITextField 存在的私有成员变量，仅未实例化，对于未实例化的成员变量，我们可以通过 KVC 访问到，而这里说的是不存在成员变量，如果不存在，则是会直接崩溃的。

为了防止这种崩溃，可以通过万金油方法 try-catch 来捕获异常，并防止崩溃。

```
@try {
    [person setValue:@"123" forKey:@"abcdefg"];
} @catch (NSException * exception) {
    NSLog(@"%@", exception.userInfo);
} @finally {
}
```

通过打印的结果可以看到 exception 的 userInfo 信息：

```
{
    NSTargetObjectUserInfoKey = "<Person: 0x608000049f90>";
    NSUnknownUserInfoKey = abcdefg;
}
```

通过 NSUnknownUserInfoKey 对应的值，可以找出是哪个键在 Person 中不存在。

除了通过 try-catch 来防止给不存在成员变量 KVC 赋值导致的崩溃，KVC 还提供了一种值验证的方法：

```
- (BOOL)validateValue:(inout id _Nullable * _Nonnull)ioValue forKey:(NSString *)inKey error:(out NSError **)outError
```

该方法是验证值是否符合 key 所对应的类型，或者说值类型是否正确。方法中的参数 ioValue 是要赋值的二级指针类型（"id"相当于"NSObject *"，因此"id *"相当于"NSObject **"，与 NSError ** 一样）。如果不是我们想要的值，则可以直接改变 ioValue 的指向，也就是重新指向一个正确的值。根据苹果的官方文档，该方法有两个主要作用，一是将 ioValue 转换为正确的类型，二是验证 ioValue 的类型。感觉这两点像是在说同一个东西，实际上，ioValue 传递进来的是一个二级指针，我们可以在验证其不合法的同时，重新赋予一个新值，而判断其是否合法，需要手动写一个 validate<Key>:error:方法。但这并不能保证字符串对应的成员变量一定存在。

例如，我们现在要验证 Person 实例的字符串属性 name，因此调用该验证方法来判断：

```
UIColor * redColor = [UIColor redColor];
NSError * error = nil;
BOOL isOK = [person validateValue:&redColor forKey:@"name" error:&error];
```

name 属性需要接收字符串类型的值，显然我们传一个 UIColor 并不对，然而通过运行可以发现验证的返回值 isOK 是 YES，表示验证通过，这也显然是不合理的。根据官方文档中的描述，对于属性的验证分为是否必需，默认为不必需，如果是不必需，则会直接返回 YES，不会对其进行验证，而如果需要验证，则需要写一个方法，我们在 Person.m 中加上一个方法来表示 person.name 是必须验证的。

```
- (BOOL)validateName:(id *)ioValue error:(NSError **)error {
    if ([* ioValue isKindOfClass:NSString.class]) {
        return YES;
    }
    return NO;
}
```

现在再去调用验证，会发现返回 NO，符合了我们的预期，当然也可以在 Person 类中重写-validateValue：forKey：error:方法，对于不符合的类型值，可以更改其 ioValue，使其返回正确的值，但如果很多属性要做验证，都写在-validateValue：forKey：error:方法中会显得很臃肿，还可以改写刚才的方法-validateName：error：。

```
- (BOOL)validateName:(id *)ioValue error:(NSError **)error {
    if ([*ioValue isKindOfClass:NSString.class]) {

    } else {
        *ioValue = @"default name";
    }
    return YES;
}
```

这样无论如何都返回 YES,但对于不正确的类型,设置为一个默认值,这样我们可以不需要调用验证方法来一个一个做验证,而直接通过 setValue:forKey: 来赋值:

```
UIColor *redColor = [UIColor redColor];
[person setValue:redColor forKey:@"name"];
```

我们赋了一个 UIColor,但最后根据刚刚写的验证逻辑,会自动将 name 的值设置为"default name"。

4. 函数操作

同样还是对于一些集合类型的数据,我们希望可以利用其共同性去做一些快捷的操作,例如求平均值和求和等,不需要再去 for 循环或者枚举,利用简单的操作就能获得我们想要的结果。

例如有一个 Person 类型的数组,想求所有 person 的 age 之和,可以这么写:

```
Person *person1 = [Person ...];
Person *person2 = [Person ...];
Person *person3 = [Person ...];
Person *person4 = [Person ...];

NSArray *persons = @[person1, person2, person3, person4];
NSNumber *sumAge = [persons valueForKeyPath:@"@sum.age"];
```

这样获取到的年龄之和就是数组中所有元素的 age 之和了,不用 for 循环遍历或者枚举遍历,非常方便地通过 KVC 实现了。注意我们使用的是 keyPath,相当于数组是一层外包的对象,并且 sum 前面需要加一个"@"来表示是数组的特有的键,而不是名为"sum"的键。除此之外,还可以求出数组的平均值、最大值和最小值等:

```
NSNumber *count = [persons valueForKey:@"@count"];
NSNumber *agvAge = [persons valueForKeyPath:@"@avg.age"];
NSNumber *maxAge = [persons valueForKeyPath:@"@max.age"];
NSNumber *minAge = [persons valueForKeyPath:@"@min.age"];
```

还是如刚才所说的那样,通过 keyPath 可以将数组这样的集合类型当作一个对象,只不过对于其 key 需要加一个"@"符号。同理,对于集合类型不仅是一些简单的求和、求平均数、求最大值最小值,KVC 还为我们提供了更高级的操作,虽然这些都是属于一类的。在

NSKeyValueCoding.h 文件的一开始部分，我们看到了相关的信息，定义了一系列的 NSKeyValueOperator，而这些 operator 都是为数组类型准备的。除了以上介绍的 5 种操作，还有两种，分别是求 distinctUnionOf… 和 unionOf…，这两个操作后面分别跟 Arrays、Objects、Sets，所以一共是 6 种，下面举例说明这些操作的作用。

```
NSArray * stringArray = @[@"A", @"B", @"C", @"B", @"C"];
NSLog(@" @ distinctUnionOfObjects. self: % @ ", [ stringArray valueForKeyPath: @" @
distinctUnionOfObjects.self"]);
NSLog(@" @ unionOfObjects. self % @ ", [ stringArray valueForKeyPath: @" @ unionOfObjects.
self"]);
```

我们分别打印字符串数组的 @distinctUnionOfObjects 和 @unionOfObjects，但是不能访问 @distinctUnionOfArrays 和 @unionOfArrays，因为数组的内容是字符串，不是数组。打印结果如下。

```
@distinctUnionOfObjects.self: (
    A, B, C
)
@unionOfObjects.self(
    A, B, C, B, C
)
```

可以看到，使用 @distinctUnionOfObjects 会将数组的内容去重，但 @unionOfObjects 不会，你可能会觉得既然后者不去重，那有什么用处呢？和数组本身又有什么区别呢？因为我们不仅在使用 @unionOfObjects 时后面会跟着".self"，也可能跟着其他的操作或者 keyPath。再来看一段代码：

```
NSArray * arrayArray = @[@[@"A"], @[@"B"], @[@"C"], @[@"B"], @[@"C"]];
NSLog(@" @ distinctUnionOfArrays. self: % @ ", [ arrayArray valueForKeyPath: @" @
distinctUnionOfArrays.self"]);
NSLog(@" @ distinctUnionOfObjects. self: % @ ", [ arrayArray valueForKeyPath: @" @
distinctUnionOfObjects.self"]);
NSLog(@" @ unionOfArrays. self % @ ", [ arrayArray valueForKeyPath: @" @ unionOfArrays.
self"]);
NSLog(@" @ unionOfObjects. self % @ ", [ arrayArray valueForKeyPath: @" @ unionOfObjects.
self"]);
```

虽然对象不是数组，但是数组一定是对象，这是毋庸置疑的，因此我们对嵌套数组这样的结构，4 种方法都是可以使用的。

可以看到，根据使用方法不同，返回了不同的结果。@distinctUnionOfArrays 和 @unionOfArrays 直接操作了数组中的数组对象，特别是 @unionOfArrays，作用是将数组降低了维度，是不是有点儿类似于 Swift 中的 flatMap 高阶函数呢？同样地，@distinctUnionOfObjects 和 @unionOfObjects 仍然是只对数组的元素对象进行操作。

在此基础上再举一个复杂一些的例子，假如有很多 Person 对象，这些对象分别分布在不同的组中，这些组合为一个数组，用代码表示就是数组嵌套：

```
NSArray * personGroupArray = @[@[person1], @[person2, person3], @[person4]];
```

现在需要对这里面所有的人求年龄之和。一般做法是使用双层 for 循环遍历,依次累加,最后得出总和,如果使用以上介绍的 KVC 数组函数操作,可以大大简化这样的步骤:

```
NSNumber * totoalAge = [[personGroupArray valueForKeyPath:@"@unionOfArrays.age"]
valueForKeyPath:@"@sum.self"];
```

类似于这种,可以将不同的操作组合搭配,很方便地实现复杂的功能。

本节小结

本节简单介绍了 KVC 的几大功能,我们平时所用的只是其中一部分,可以看到 KVC 是非常强大的,它的强大之处是来自于所依赖的 Runtime,同时也是 Runtime 的最主要的基础。开发者如果能充分利用 KVC,对于提升开发效率是有明显帮助的。然而许多开发者往往不是很倾向于使用 KVC,首先是由于 KVC 是直接或间接访问成员变量,可能会存在不安全访问的情况;其次,KVC 验证相对麻烦一些,需要对每一个需要验证的属性写验证方法;最后,KVC 的访问查找逻辑相对复杂一些,如果用在大量 JSON 转 Model 的情景中,会降低效率,因此大多数 ORM 库都避免直接使用 KVC。尽管存在一些弊端,KVC 依然为我们提供了便利,例如,访问私有成员变量、集合函数操作等,在实际开发中,开发者应该有所取舍,扬长避短,充分发挥 KVC 的强项。

第 ❬3❭ 章

开发原理相关

相比于第 2 章,本章主要介绍开发中常用技术以及实现的原理,并不涉及底层知识点。同时也会对一些技术给出不同的实现方案,并做出比较,让开发者对此可以有比较明确的认识。

本章内容:

- 定时器的引用
- 动画事务
- 响应链
- UITableViewCell 高度
- 图片初始化
- 静态库与动态库
- 离屏渲染
- 约束动画

3.1 定时器的引用

定时器在实际开发中也是经常使用的,主要用在定时触发一些方法上,虽然对于定时器来说有一些问题,例如不够精确以及使用起来可能会造成内存不释放的问题,但依然不影响开发中的应用,接下来通过一个相关的例子来了解它的释放问题。

首先创建一个基于导航栏的工程,步骤如下。

(1)选中 Main. storyboard,然后选中系统自带的 ViewController 对应的界面。

(2)单击菜单:Editor→Embed In→Navigation Controller。

这样便快捷地创建好了基于导航栏的控制器。然后在 ViewController 上放一个 Button,拖曳单击方法到 ViewController 上。然后再创建一个基于 UIViewController 的子类 SecondViewController,接着在 button 的单击方法中跳转 SecondViewController 实例。

```
// ViewController.m
# import "ViewController.h"
# import "SecondViewController.h"

@interface ViewController()
@end

@implementation ViewController

- (IBAction)buttonClick:(id)sender {
    SecondViewController * vc = [[SecondViewController alloc] init];
    [self.navigationController pushViewController:vc animated:YES];
}
@end
```

然后在 SecondViewController 中写一个定时器以及它的触发方法。

```
// SecondViewController.m
# import "SecondViewController.h"

@interface SecondViewController()
@property(nonatomic, strong) NSTimer * timer;
@end

@implementation SecondViewController

- (void)viewDidLoad {
    [super viewDidLoad];
    self.view.backgroundColor = [UIColor whiteColor];

    self.timer = [NSTimer scheduledTimerWithTimeInterval:2 target:self selector:
@selector(timerTigger:) userInfo:nil repeats:YES];
    [self.timer fire];

}

- (void)timerTigger:(id)timer {
    NSLog(@"do someting");
}

- (void)dealloc {
    NSLog(@"SecondViewController dealloc");
}
@end
```

这样,我们的小例子就完成了,这是日常开发中经常遇到的一种使用定时器的场景,在某一个次级页面中使用 NSTimer 来定时做一些事情,然后可以 pop 出去。好像确实是这么回事,没什么问题。下面我们来运行一下。

运行之后,跳转到 SecondViewController 后,可以发现确实和预料的一样,定时器定时打印字符串@"do someting"，然后我们 pop 出去一会儿，发现并没有打印@"SecondViewController dealloc"，也就是说 SecondViewController 实例并没有销毁，仍然在内存中没有释放，如果频繁地进出或者有大量的这些页面，就会造成一些性能以及内存方面的问题。

参与开发的同学们对此进行了热烈的讨论。

以下是某同学在 dealloc 方法中添加的代码：

```
//这是错误代码
- (void)dealloc {
    [self.timer invalidate];
    self.timer = nil;
    NSLog(@"SecondViewController dealloc");
}
```

这时候同学甲认为，在 dealloc 中加入上面两句代码，就可以解除所造成的问题。然而这样也是不对的，因为 timer 和 self 可能是由于相互持有或者一些其他的机制，已经造成了循环引用不能被释放，所以对于 self 即 SecondViewController 控制器来说，要调用 dealloc 方法的前提是 self 被释放，然而 self 因为循环引用，并不会调用 dealloc 方法，所以仍然将存在于内存中。

同学乙认为，可以将 self 标为弱引用，即将 timer 属性修饰符中的 strong 改为 weak 即可达到解除循环引用的问题。我们按照乙同学的说法对代码进行修改运行，但实际上控制台仍然在打印定时器方法，SecondViewController 也没有调用 dealloc 方法。

同学丙在同学乙的基础上提出，使用__weak 弱引用 self，再将弱引用作为参数传递给 timer：

```
__weak __typeof(self) weakSelf = self;
```

但运行之后的打印结果依然表示当前控制器没有被释放，定时器仍然在执行方法。

那究竟为何会出现这样的情况呢？这与我们日常中接触到的循环引用案例有些不大一样。

事实上，timer 会直接对传递过来的 target 强引用，即使是用 weak 修饰的。在此例中，控制器 self 是对 timer 强引用的，而由于 self 没有被释放，导致很多人认为是 timer 强引用了 self，导致了循环引用。如果真是这样的话，那 self 对 timer 用 weak 修饰即可打破这种循环引用，然而从乙同学的打印结果来看并不是这么回事，这其中有一些更复杂的逻辑。

定时器的启用还涉及一个领域，就是 Runloop，timer 必须要加到 Runloop 中才能有效。在 repeats 为 YES 的情况下是通过 Runloop 来控制 timer 的，而 Runloop 可以理解为一个处理事务的死循环，有时候处理事务可能会消耗一些时间导致某次循环时间稍微长了一些，因此出现我们平常所说的 timer 不准确的现象，所以 Runloop 对 timer 强引用。在此例中的引用关系如图 3-1 所示。

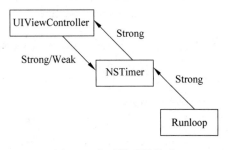

图 3-1　定时器引用关系

当前 Runloop 是不会被销毁的,强引用了 timer,而 timer 通过参数强引用了 target,也就是当前控制器 self,所以不管 self 对 timer 是强引用还是弱引用,都不能打破这种循环引用。到这儿都是说服乙同学的,可能这时候丙同学又说话了:我传递的是用__weak 修饰的弱引用,self 是对 timer 弱引用,为何也不能释放?

通常我们使用__weak __typeof(self) weakSelf = self;这句代码一般用在 block 中需要引用到 self 时避免循环引用,由于 block 会将其中用到的外部变量拷贝到堆内存中,如果直接使用 self,则会在 block 堆空间中拷贝一份对 self 的引用,而用 weakSelf 则拷贝的是一份 self 的弱引用,并不会对 self 强引用,当 self 释放后,weakSelf 也会自动指向 nil。这是应用在 block 中的,而在 NSTimer 中,即使传递一个弱引用,timer 为了保持其 target 不提前释放,在其内部对其强引用:__strong __typeof(target) strongSelf = target,所以即使传递过来一个 weakSelf,timer 仍然可以对其保持强引用。

以上说的 timer 的问题仅对于重复的定时器,不重复的定时器在仅执行一次 selector 后就自动 invalidate 了。

解决方案一:创建中间对象,该对象弱引用原本 timer 应持有的 target,将自己传给 timer,通过 selector 方法判断 target 是否为空,若为空,则将 timer 置为失效,代码如下。

```objc
// WeakTimerTarget.h
# import < Foundation/Foundation.h >

@ interface WeakTimerTarget : NSObject

@ property (nonatomic, weak) id target;
@ property (nonatomic, assign) SEL selector;
@ property (nonatomic, strong) NSTimer * timer;

+ (NSTimer * )scheduledTimerWithTimeInterval:(NSTimeInterval)interval
                          target:(id)aTarget
                        selector:(SEL)aSelector
                        userInfo:(id)userInfo
                         repeats:(BOOL)repeats;

@ end


// WeakTimerTarget.m
# import "WeakTimerTarget.h"
@ implementation WeakTimerTarget

+ (NSTimer * )scheduledTimerWithTimeInterval:(NSTimeInterval)interval
                              target:(id)aTarget
                            selector:(SEL)aSelector
                            userInfo:(id)userInfo
                             repeats:(BOOL)repeats {
    WeakTimerTarget * timerTarget = [[WeakTimerTarget alloc] init];
    timerTarget.target = aTarget;
    timerTarget.selector = aSelector;
```

```
    timerTarget.timer = [NSTimer scheduledTimerWithTimeInterval:interval
                                                         target:timerTarget
                                                       selector:@selector(fire:)
                                                       userInfo:userInfo
                                                        repeats:repeats];

    return timerTarget.timer;
}

- (void)fire:(NSTimer * )timer {
    if(self.target) {
#pragma clang diagnostic push
#pragma clang diagnostic ignored " - Warc - performSelector - leaks"
        [self.target performSelector:self.selector withObject:timer.userInfo];
#pragma clang diagnostic pop
    } else {
        [self.timer invalidate];
    }
}

- (void)dealloc{
    NSLog(@"WeakTimer dealloc");
}

@end
```

这个 WeakTimerTarget 提供一个与 NSTimer 相同的 API 来供开发者使用，并且返回了一个 NSTimer 实例，此时不管视图控制器如何引用 timer，timer 的 target 都变成了 WeakTimerTarget 实例，并且视图控制器不会去引用 WeakTimerTarget 实例，也就不会造成相互引用。此解决方法中的关键之处就是 WeakTimerTarget 类中定时器的触发方法，由于没有引用视图控制器，在视图控制器释放过后，如果定时器再次触发的时候就会判断 WeakTimerTarget 弱引用的 target，也就是视图控制器，如果视图控制器被释放，则会让其定时器失效，一旦定时器失效，则 Runloop 就不会持有 timer，因此 timer 也就释放了。

解决方案二：利用消息转发机制来实现。

同样是新创建一个类，弱引用一个 target，返回该类的实例，然后实现消息转发的机制，将传递给该类实例的消息转发给这个 target。

我们先回顾一下消息转发的机制。当我们向一个对象发消息的时候，会在该对象类中的方法表中查找，如果没有就会依次从父类方法表中查找，如果都没有查到，会依次调用如下方法。

（1） ＋（BOOL）resolveInstanceMethod：（SEL）selector

＋（BOOL）resolveClassMethod：（SEL）selector

这两个方法分别表示该类中是否可以处理该实例方法或者类方法，一般在此处利用 runtime 动态增加对应的方法实现。

（2） 如果上述方法没有能动态添加方法，表示未能处理该方法，则会调用-(id) forwardingTargetForSelector：(SEL)selector 方法，实现该方法返回一个其他可以实现该方法的对象。

（3）如果上述方法返回了 nil，表示不能返回一个接收该方法的对象，此时会调用-（NSMethodSignature＊）methodSignatureForSelector：（SEL）aSelector，该方法需要返回一个方法签名，一般在该方法实现中，返回一个由其他对象和该方法创建的签名。方法签名的意义就是表示该对象是否有能力处理该方法。

（4）只有实现了上述方法，并且返回了一个非 nil 的签名，才会真正地调用-（void）forwardInvocation：（NSInvocation ＊）invocation，该方法将其原本的 target、selector、parameters 封装在 invocation 中，开发者可以在该方法实现中，修改 target、selector、parameters，然后调用。

如果以上都没有实现的话，那么就会遇到开发者常见的 unrecognized selector sent to instance 'xxxx'错误了。

回顾完消息转发机制，下面来简单说明第二种方案。

同样创建一个类 WeakProxy，实现如下。

```objc
// WeakProxy.h
# import <Foundation/Foundation.h>

@ interface WeakProxy : NSObject
 + (instancetype)proxyWithTarget:(id)target;
@ end

// WeakProxy.m
# import "WeakProxy.h"
@ implementation WeakProxy

 + (instancetype)proxyWithTarget:(id)target {
    WeakProxy * wp = [[WeakProxy alloc] init];
    wp.target = target;
    return wp;
 }

 - (id)forwardingTargetForSelector:(SEL)aSelector {
    return _target;
 }

 - (NSMethodSignature * )methodSignatureForSelector:(SEL)aSelector {
    return [NSObject instanceMethodSignatureForSelector:@selector(init)];
 }

 - (void)forwardInvocation:(NSInvocation * )anInvocation {
    void * null = NULL;
    [anInvocation setReturnValue:&null];
 }

 - (void)dealloc {
    NSLog(@"WeakProxy dealloc");
```

```
    }

@end
```

同时，在 SecondViewController 中的 timer 赋值语句改为：

```
self.timer = [NSTimer scheduledTimerWithTimeInterval:2 target:[WeakProxy proxyWithTarget:
self] selector:@selector(timerTigger:) userInfo:nil repeats:YES];
```

由于我们只是单纯地将要执行的方法转换给 target 调用，而不是要对其动态地添加方法，所以不必实现＋（BOOL）resolveInstanceMethod：（SEL）selector 或者＋（BOOL）resolveClassMethod：（SEL）selector 方法。为了避免 target 为 nil 或者未实现 selector 导致的崩溃，返回方法签名的方法是必须要实现的，所以可以写一个 init 方法的方法签名，至于返回值，随便返回一个空值即可。

通过打印结果可以看到，当前控制器也已经销毁，达到了最初的目的。

然而对比两种实现方案，各有优劣，简单来说明一下。第一种方案，是通过在 target 失效的情况下来使 timer 失效，从而达到都释放的目的，然而却只能应用于例子中的关于定时器；第二种方案，耦合度很低，可以用在各个循环引用的例子中，但是却不太适合该定时器的例子中，因为 WeakProxy 实例并没有销毁，原因是 timer 对其强引用，而且也没有合适的时机来对其定时器执行失效的操作。

本节小结

定时器循环引用的问题与平常遇到的循环引用不大一样，涉及多级引用，因为在与此例类似的情况下，应当使用第一种方案，而第二种方案由于中间对象在此例中不能释放所以不合适，但可以用在其他的循环引用案例中，比较灵活。

3.2 动画事务

在 iOS 开发中，动画是一个比较重要的技能点，开发者可能听过很多关于动画的关键词，例如 CoreAnimation、POP、CATransition 等。动画一般包含动画类型、变化速率和规律，而使用动画的目的一般主要是为了增强用户体验。动画的技术方案有很多，本节讲的是其中的一个小点 CATransaction。

首先介绍一下隐式事务。通常在项目中使用动画都可以分为以下几种情况。

（1）UIView 的类方法：通过＋animateWithDuration：animations 及其类似的几个适配器的方法来实现动画，该方法可以实现一些比较基础的动画，可以直接对 UIView 的属性使用，基本上涵盖了大多数场景的需求。

（2）CA（CoreAnimation）：CA 的动画有一个基类 CAAnimation，一般使用其子类 CAPropertyAnimation、CAKeyframeAnimation、CABasicAnimation，这些 CA 动画类提供了丰富的 API，可以实现更强大的动画。

（3）POP：第三方动画库，基于 CADisplayLink，而非 CoreAnimation。

一般都是基于以上三种方法来实现动画，因此比较被开发者所熟知。然而隐式事务可能很少有人听过,甚至没有了解。其中最主要的原因是,通常我们添加需要动画的视图元素的时候,都是直接添加 UIView 对象,而隐式事务是基于 CALayer 的,虽然我们知道 UIView 跟 CALayer 的关系是,CALayer 是 UIView 的一个属性,负责显示,而 UIView 主要负责用户交互等一些其他方面。而我们直接用 UIView 来做动画,实际上也是通过更改其 CALayer 来实现的。在这种情景下,开发者更多的是选择使用添加 UIView,而非 CALayer。

下面添加 CALayer。首先创建一个工程,在 ViewController 的 viewDidLoad 方法中添加一个 layer,并且增加一个 button 来触发方法。

```objc
// ViewController.m
@interface ViewController()

@property (nonatomic, strong) CALayer *testLayer;
@property (nonatomic, strong) UIButton *button;
@property (nonatomic, strong) MyView *myView;

@end

@implementation ViewController
- (void)viewDidLoad {
    [super viewDidLoad];
    self.testLayer = [[CALayer alloc] init];
    self.testLayer.frame = CGRectMake(50, 100, 100, 100);
    self.testLayer.backgroundColor = [UIColor redColor].CGColor;
    [self.view.layer addSublayer:self.testLayer];

    self.button = [UIButton buttonWithType:UIButtonTypeCustom];
    self.button.frame = CGRectMake(150, 400, 100, 50);
    [self.button setTitle:@"button" forState:UIControlStateNormal];
    [self.button setTitleColor:[UIColor blackColor] forState:UIControlStateNormal];
    [self.button addTarget:self action:@selector(buttonClick:) forControlEvents:UIControlEventTouchUpInside];
    [self.view addSubview:self.button];
}

- (void)buttonClick:(id)sender {
    self.testLayer.backgroundColor = [UIColor blackColor].CGColor;
}
@end
```

如代码所示,我们还并未对 testLayer 添加动画代码,但运行之后,单击 button,layer 的背景色是渐变的,有动画效果,即使我们没有对其进行任何的动画操作,这就是隐式事务。隐式事务是 CoreAnimation 的一部分,是对 layer-tree 进行原子更新为 render-tree 的机制,由 CoreAnimation 来帮助自动创建事务,当前线程的 runloop 下次循环就会自动 commit,如果当前线程没有 runloop,或者 runloop 被阻塞,则应该仍然使用显式事务,即手动创建调用 CATransaction。

我们显式地调用事务，更改-buttonClick:方法：

```objc
- (void)buttonClick:(id)sender {
    [CATransaction begin];
    self.testLayer.backgroundColor = [UIColor blackColor].CGColor;
    [CATransaction commit];
}
```

只需要简单地调用一下 begin 和 commit 方法，就可以实现显式事务，运行之后可以看到效果是一样的。动画时间是可以设定的，当然我们刚刚没有设定，默认是 0.25s，可以把时间再设置得长一点儿看一下。

```objc
- (void)buttonClick:(id)sender {
    [CATransaction begin];
    [CATransaction setAnimationDuration:2.0];
    self.testLayer.backgroundColor = [UIColor blackColor].CGColor;
    [CATransaction commit];
}
```

可以明显看出，背景色渐变的时间长了一些。同样，再设置一下完成的回调 block：

```objc
- (void)buttonClick:(id)sender {
    [CATransaction begin];
    [CATransaction setAnimationDuration:2.0];
    [CATransaction setCompletionBlock:^{
        NSLog(@"Transaction end");
    }];
    self.testLayer.backgroundColor = [UIColor blackColor].CGColor;
    [CATransaction commit];
}
```

这里有需要注意的地方，我们在写 CATransaction 的时候，可以看出与平时所写的代码不一样，因为一直在调用类方法，并非是通过实例方法来实现的，我们要将更改的关键代码放在设置动画时间和完成回调之后，这样才能达到想要的效果。如果放在之前，相当于在执行动画操作时，还没有对其进行动画时间和完成回调的赋值。

另外在完成回调中，也是可以对该 layer 做更改，同样默认是隐式事务动画，如果需要在完成回调中自定义时间，同样在 block 中设置动画时间。

```objc
- (void)buttonClick:(id)sender {
    [CATransaction begin];
    [CATransaction setAnimationDuration:2.0];
    [CATransaction setCompletionBlock:^{
        [CATransaction setAnimationDuration:2.0];
        self.testLayer.frame = CGRectMake(50, 100, 100, 200);
        NSLog(@"Transaction end");
    }];
    self.testLayer.backgroundColor = [UIColor blackColor].CGColor;
```

```
    [CATransaction commit];
}
```

另外,我们可以嵌套多个事务组,类似于一组动画的效果:

```
- (void)buttonClick:(id)sender {
    [CATransaction begin];
    [CATransaction setAnimationDuration:2.0];
    [CATransaction setCompletionBlock:^{
        [CATransaction setAnimationDuration:2.0];
        self.testLayer.frame = CGRectMake(50, 100, 100, 200);
        NSLog(@"Transaction end");
    }];
    self.testLayer.backgroundColor = [UIColor blackColor].CGColor;

    [CATransaction begin];
    self.testLayer.cornerRadius = 10;
    [CATransaction commit];

    [CATransaction commit];
}
```

运行后可以看到,圆角和背景色是同时触发的,并且修改圆角属性默认是 0.25s。

如果本例中不是 CALayer,而是 UIView 的话,则并不会触发隐式事务动画,同样对显式事务动画也不会有作用,这是因为 UIKit 框架禁用了事务动画。之所以 CALayer 可以对事务动画做出响应,是因为 CALayer 的实例方法-actionForKey:可以对其进行响应,返回对应的 action。但对于 UIView 来说,UIView 作为 CALayer 的代理,则根据名称来获取 action 对象,会遵循以下顺序。

(1) 如果有代理,则调用代理方法-actionForLayer:forKey:;

(2) 检查 layer 的 actions 字典;

(3) 检查 layer 的 style 层级中每个 actions 字典;

(4) 调用 layer 的类方法+defaultActionForKey:。

所以当需要做事务动画的时候,会按照如上顺序获取对应的 action,如果获取到的是 nil,则不会对事务动画做出响应,如果返回非 nil,则可以做出事务动画,因此,UIView 通过其代理方法-actionForLayer:forKey:返回 nil 来达到禁用事务动画。我们可以尝试创建继承自 UIView 的类 MyView,重写-actionForLayer:forKey:方法:

```
- (id<CAAction>)actionForLayer:(CALayer *)layer forKey:(NSString *)event {
    return layer.actions[event];
}
```

然后在 ViewController 中创建一个 MyView 的实例对象,此时只需要简单赋值更改其中的一个属性,就可以达到与之前 CALayer 一样的隐式动画效果。

关于动画事务,还有一个场景会经常用到,即监听键盘。在某些情况下,需要对键盘弹出进行监听,并弹出一个输入框,类似微信朋友圈等社交类 APP 经常会接触到这些。

```
[[NSNotificationCenter defaultCenter] addObserver: self selector: @ selector(keyboardWillShow:)
name:UIKeyboardWillShowNotification object:nil];
[[NSNotificationCenter defaultCenter] addObserver: self selector: @ selector(keyboardWillHide:)
name:UIKeyboardWillHideNotification object:nil];
```

通知触发的两个方法如下。

```
- (void)keyboardWillShow:(NSNotification * )noti {
    //textField show
}
- (void)keyboardWillHide:(NSNotification * )noti {
    //textField hide
}
```

我们通常在上面的这两个方法中移动想要展示的输入框,并根据通知的 userinfo 中的信息来决定要移动的高度。就是这样的一个场景,不知道有没有读者发现,输入框与键盘总是保持相同的速率出现和消失,并且是在开发者没有设置动画和时间的条件下。

其实这是由于在键盘弹出和消失的情况下发送通知,是在事务动画之中执行的,也就是 observer 执行 selector,这样的话在 selector 中做位移会以动画的形式展示出。如果开发者需要禁用这种效果,只需要在这两个方法的开始和结束禁用就可以了。

```
- (void)keyboardWillShow:(NSNotification * )noti {
    [UIView setAnimationsEnabled:NO];
    //textField show
    [UIView setAnimationsEnabled:YES];
}

- (void)keyboardWillHide:(NSNotification * )noti {
    [UIView setAnimationsEnabled:NO];
    //textField hide
    [UIView setAnimationsEnabled:YES];
}
```

本节小结

(1) 除了开发者经常使用的几种动画类型,还需要了解隐式动画和显式动画;

(2) 了解 CALayer 对事务动画的展示,以及实现动画的执行操作;

(3) 对于日常开发中遇到的动画事件,需要了解其背后使用的动画事务。

3.3 响应链

自从 iPhone 问世以来,iPhone 手机采用 Cocoa Touch 框架,使其更注重于图形化和触摸操作,其中,基于 Foundation 的 UIKit 是实现 Cocoa Touch 最主要的框架,UIKit 提供了 iOS 设备上图形化事件驱动程序的基本工具。

当一个应用程序展示在 iOS 设备上时,我们会考虑两个问题:界面如何展示? 界面是如何交互的? 本节将详细回答第二个问题。

当用户的手真正触摸到屏幕时,程序内部是如何响应的? 实际上,当触摸到屏幕时会生成一个 Touch Event(触摸事件),添加到 UIApplication 管理的事件队列中,UIApplication 会从事件队列中依次取出事件来分发到应响应的视图去处理(关于这个触摸事件的队列,我们在 iOS 开发中也有遇到过,例如在我们启动程序后的某一时间正执行到断点处,而我们并没有注意到此时处于断点,就在屏幕上进行各种操作,但此时是没有反应的,因为 UIApplication 虽然收到了我们的 Touch Event,但由于系统处于暂停状态,无法继续处理交互事务,因此事件队列一直处于积累交互事件的过程中,当我们跳过断点,程序继续执行后,会发现程序会依次响应之前积累的触摸事件)。当触摸事件被 UIApplication 发出后,会从程序的 keyWindow 开始,然后依次向上传递,包括各种视图控制器以及视图,最后找到合适的处理该事件的视图来响应,这整个过程就称为事件传递。

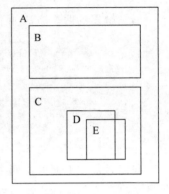

图 3-2 响应链视图示例

如图 3-2 所示,展示了几个 view 的层级示意图,其层级关系如下。

A 为 B、C 的父视图;C 为 D、E 的父视图。

当触摸视图 B 时,事件传递的顺序为:UIApplication→A→B。

当触摸视图 D 时,事件传递的顺序为:UIApplication→A→C→D。

当触摸视图 E 时,事件传递的顺序为:UIApplication→A→C→E。

那么系统是根据什么来判定事件的传递顺序的呢? 难道仅仅是根据子视图吗? 事实上,这里涉及两个非常重要的方法:

```
- (nullable UIView * )hitTest:(CGPoint)point withEvent:(nullable UIEvent * )event;
- (BOOL)pointInside:(CGPoint)point withEvent:(nullable UIEvent * )event;
```

这两个方法是事件传递机制的关键所在。这两个方法是 UIView 提供的,但并非表明只有 UIView 才能响应事件传递,因为除了 UIView,UIViewController 也是可以响应事件传递的,所以它们拥有事件传递的能力取决于它们共同的父类 UIResponder(所以 Window 继承自 UIView,也可以响应)。

当 UIApplication 发送事件到 keyWindow 时,keyWindow 会调用-hitTest:withEvent:方法来寻找最适合处理事件的视图。假设事件已经传递到了某视图 view,选择出能响应视图的逻辑如下。

(1)首先会判断该视图自身能否处理该触摸事件,如果不能响应,则不通过 pointInside 方法,则 hitTest 方法直接返回 nil;

(2)如果该 View 可以响应,则调用-pointInside:withEvent:判断是否在显示区域上,如果不在其区域中,则返回 NO,同时-hitTest:withEvent:也返回 nil;

(3)如果步骤 2 中返回 YES,表示在当前 View 的范围中,接着先倒序遍历该视图的子视图数组,按照当前的顺序,直到某一子视图可以响应,并且-hitTest:withEvent:返回该子视图；

（4）如果步骤3中没有子视图，或者没有任何一个子视图能够响应该触摸事件，则返回该视图自身，表示只有自身可以处理该事件。

以上步骤用代码来表示的话，或者说-hitTest：withEvent：方法的原理如下。

```
// point 是该视图的坐标系上的点
- (UIView *)hitTest:(CGPoint)point withEvent:(UIEvent *)event {
    // 1.判断自己能否接收触摸事件
    if (self.userInteractionEnabled == NO || self.hidden == YES || self.alpha <= 0.01)
return nil;
    // 2.判断触摸点在不在自己范围内
    if (![self pointInside:point withEvent:event]) return nil;
    // 3.从后往前遍历自己的子控件，看是否有子控件更适合响应此事件
    NSInteger count = self.subviews.count;
    for (NSInteger i = count - 1; i >= 0; i--) {
        UIView *childView = self.subviews[i];
        CGPoint childPoint = [self convertPoint:point toView:childView];
        UIView *fitView = [childView hitTest:childPoint withEvent:event];
        if (fitView) {
            return fitView;
        }
    }
    // 4.没有找到比自己更合适的 view
    return self;
}
```

视图如果满足以下三个条件其一，则不能接收触摸事件。

（1）userInteractionEnabled = NO；

（2）hidden = YES；

（3）alpha<0.01。

注：在实际代码中，-hitTest：withEvent：和-pointInside：withEvent：两个方法会分别调用两次，或者可能会有更多次，这可能是由于iOS响应链机制的原因，当然也可能是iOS触摸事件的判断逻辑，对此官方并没有给出详细的解释。所以读者在此需要注意一下，在以下的例子中只给出一次打印来表示其逻辑。

以下通过一个实际的案例来深入了解一下响应链机制。

首先构建一个demo，如图3-3所示。

图中字母A～E分别表示不同的视图View，数字1～6表示之后要单击的位置。并且A为B、C、D的父视图，D为E的父视图。接下来，分成几组操作并通过控制台的打印来分析响应链的传递过程。

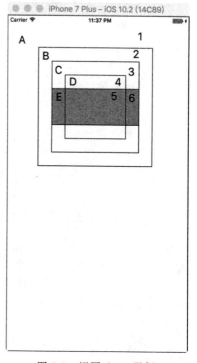

图 3-3 视图 demo 举例

同时,也先介绍一下代码逻辑。在工程中,首先创建一个 BaseView,这是父类,A~E 都继承 BaseView。在 BaseView 中,重写三个系统方法,并做出响应的打印。

```
// BaseView.m
# import "BaseView.h"
@implementation BaseView
- (void)touchesBegan:(NSSet < UITouch * > *)touches withEvent:(UIEvent * )event {
    NSLog(@"touchBegan --- % @", [self class]);
    [super touchesBegan:touches withEvent:event];
}

- (UIView * )hitTest:(CGPoint)point withEvent:(UIEvent * )event {
    UIView * v = [super hitTest:point withEvent:event];
    NSLog(@"hitTest ---- % @ return: % @", [self class], v.class);
    return v;
}

- (BOOL)pointInside:(CGPoint)point withEvent:(UIEvent * )event {
    BOOL b = [super pointInside:point withEvent:event];
    NSLog(@"pointInside ---- % @ return: % @", [self class], b?@"YES":@"NO");
    return b;
}

@end
```

我们重写了 touchesBegan、hitTest、pointInside 三个方法,在父类中对其重写显得更为方便一些。同时基于 BaseView 创建 AView、BView、CView、DView、EView 并加到控制器的 view 上。

```
// ViewController.m
# import "ViewController.h"
# import "AView.h"
# import "BView.h"
# import "CView.h"
# import "DView.h"
# import "EView.h"

@interface ViewController()

@property(nonatomic, strong) AView * a;
@property(nonatomic, strong) BView * b;
@property(nonatomic, strong) CView * c;
@property(nonatomic, strong) DView * d;
@property(nonatomic, strong) EView * e;

@end

@implementation ViewController
```

```
- (void)viewDidLoad {
    [super viewDidLoad];

    self.a = [[AView alloc] initWithFrame:[UIScreen mainScreen].bounds];
    [self.view addSubview:self.a];

    self.b = [[BView alloc] initWithFrame:CGRectMake(70, 70, 260, 260)];
    [self.a addSubview:self.b];

    self.c = [[CView alloc] initWithFrame:CGRectMake(100, 100, 200, 200)];
    [self.a addSubview:self.c];

    self.d = [[DView alloc] initWithFrame:CGRectMake(130, 130, 140, 140)];
    [self.a addSubview:self.d];

    self.e = [[EView alloc] initWithFrame:CGRectMake(-30, 30, 200, 80)];
    self.e.backgroundColor = [UIColor colorWithWhite:0 alpha:0.3];
    [self.d addSubview:self.e];

    [self setViewBorder:self.a];
    [self setViewBorder:self.b];
    [self setViewBorder:self.c];
    [self setViewBorder:self.d];
    [self setViewBorder:self.e];
}

- (void)setViewBorder:(UIView *)v {
    v.layer.borderWidth = 1;
    v.layer.borderColor = [UIColor blackColor].CGColor;
}
```

如之前所说的那样,A 为 B、C、D 的 superView,D 为 E 的 superView。为了方便区分每个 View 的显示,特地添加 setViewBorder 方法为相应的 View 的 layer 添加边宽。并且,我们没有为任何 View 设置不可交互,所以每个 view 都是可以响应触摸事件的。至此,一切准备就绪了,接下来开始实验。

单击位置 1,打印结果如下。

```
pointInside ---- AView return: YES
pointInside ---- DView return: NO
hitTest ---- DView return: (null)
pointInside ---- CView return: NO
hitTest ---- CView return: (null)
pointInside ---- BView return: NO
hitTest ---- BView return: (null)
hitTest ---- AView return: AView
```

可以看到,首先调用了 AView 的 pointInside,因为单击的是 AView 的区域,所以返回的是 YES,下一步是遍历 AView 的 subViews 数组,注意遍历是倒序的,在 AView 中的

subViews 数组顺序分别是：B、C、D，先判断 DView 的 pointInside 方法，然而由于不在 D 的区域中，返回了 NO，所以 D 的 hitTest 方法直接放回 nil，DView 的判断结束，转到 AView 的 subViews 数组中 D 的上一个子视图 C（因为是倒序的）。由于单击位置也不在 CView 的区域中，CView 的 pointInside 也返回 NO，同时 CView 的 hitTest 返回 nil，即 C 也不能响应，同理 BView 也不能，至此 AView 的 subViews 倒序遍历结束，回到 AView 的本身，此时 1 位置是在 A 的区域中，即 AView 的 pointInside 方法返回 YES，并且 hitTest 也返回了 AView 本身，表示 AView 可以自己处理该触摸事件。注意，最后还有一个打印 touchBegan---AView，这个后面再做分析。

单击位置 2，打印结果如下。

```
pointInside---- AView return: YES
pointInside---- DView return: NO
hitTest---- DView return: (null)
pointInside---- CView return: NO
hitTest---- CView return: (null)
pointInside---- BView return: YES
hitTest---- BView return: BView
hitTest---- AView return: BView
touchBegan--- BView
touchBegan--- AView
```

位置 2 在 BView 上，属于 AView 的子 View。首先 AView 先接收到触摸事件，通过 pointInside 方法返回 YES，表示在 AView 的区域中，接着判断 AView 的子 View，从 DView 到 CView 和 BView，然而位置 2 属于 BView 所在位置，不在 CView 和 DView 上，因此先调用了 DView 的 pointInside 返回 NO，然后 DView 的 hitTest 也返回 nil，同理 CView 也是。一直到 BView，pointInside 返回 YES，并且 BView 没有 subViews，因此返回了自身，即 hitTest 返回了可以响应的 BView。至此 AView 的 subViews 遍历结束，到 AView 本身，即调用 AView 的 hitTest 方法，也返回了 BView。同时 touchBegan 方法打印了 BView 和 AView。

单击位置 3，打印结果如下。

```
pointInside---- AView return: YES
pointInside---- DView return: NO
hitTest---- DView return: (null)
pointInside---- CView return: YES
hitTest---- CView return: CView
hitTest---- AView return: CView
touchBegan--- CView
touchBegan--- AView
```

位置 3 属于 AView 的 CView 上，所以 AView 接收到触摸事件后，由于是在其响应区域，所以 AView 的 pointInside 返回 YES，然后遍历 AView 的 subViews，DView 不在区域内不能响应，到 CView，在其区域，可以响应，hitTest 返回 CView 自身，同时到 AView 的 hitTest 方法，也返回了 CView，所以 CView 为最终响应的 View。touchBegan 打印了

CView 和 AView。读者看到这里可能就会产生疑问，B 同样是 A 的子 View，为什么 B 不会调用 pointInside 和 hitTest 打印的方法呢？原因如下。

```
[a addSubView:b]; …… ①
[a addSubView:c]; …… ②
[a addSubView:d]; …… ③
```

前面说过，对于 subView 的响应顺序是倒序的，也就是先从③开始，所以关于 D，执行了 pointInside 和 hitTest 方法。到了②，已经找到了响应当前单击事件的视图 CView，并返回，至此响应链结束，也就没有 BView 什么事了，因此 B 上没有执行 pointInside 和 hitTest 方法，也就是没有打印输出。

单击位置 4，打印如下。

```
pointInside ---- AView return: YES
pointInside ---- DView return: YES
pointInside ---- EView return: NO
hitTest ---- EView return: (null)
hitTest ---- DView return: DView
hitTest ---- AView return: DView
touchBegan --- DView
touchBegan --- AView
```

位置 4 在 AView 的 DView 上，但不在 DView 的 EView 上。同样先是 AView 区域内，倒序遍历 subViews，在 DView 的区域中，所以 DView 的 pointInside 返回 YES，然后倒序遍历 DView 的 subViews，首先判断 EView 的 pointInside，返回 NO，表示不在 EView 的区域内，EView 的 hitTest 也直接返回 nil，所以只有 DView 本身去响应该触摸事件，即 DView 和 AView 的 hitTest 方法都返回了 DView。touchBegan 打印了 DView 和 AView。

单击位置 5，打印如下。

```
pointInside ---- AView return: YES
pointInside ---- DView return: YES
pointInside ---- EView return: YES
hitTest ---- EView return: EView
hitTest ---- DView return: EView
hitTest ---- AView return: EView
touchBegan --- EView
touchBegan --- DView
touchBegan --- AView
```

与之前的都一样，在 AView 的区域中，AView 的 pointInside 返回 YES，倒序遍历 AView 的 subViews，首先 DView 的 pointInside 也返回 YES，表示在 DView 的区域内，再遍历 DView 的 subViews，EView 的 pointInside 也返回了 YES，表示在 EView 的区域内，EView 没有 subViews，所以调用 EView 的 hitTest 方法，返回了 EView，同理 DView 和 AView 也返回了 EView，表示 EView 响应该次触摸事件。touchBegan 返回 EView、DView、AView。

单击位置 6,打印如下。

```
pointInside ———— AView return: YES
pointInside ———— DView return: NO
hitTest ———— DView return: (null)
pointInside ———— CView return: YES
hitTest ———— CView return: CView
hitTest ———— AView return: CView
touchBegan ——— CView
touchBegan ——— AView
```

位置 6 属于 AView 的 DView 的 EView 超出 DView 的区域上,与位置 5 相比,虽然都属于 EView,但打印结果不同,也可以看出逻辑是不同的。同样,AView 的 pointInside 返回 YES,表示在 AView 上,然后判断 DView 的 hitTest,返回 NO,表示不在 DView 的区域中,接着判断 DView 同级的 CView,CView 的 pointInside 返回 YES,即在其区域中,CView 的 hitTest 返回了 CView 自身,AView 也返回了 CView,表示由 CView 来响应该次触摸事件。touchBegan 打印了 CView 和 AView。

至此,图示的 6 种打印都已结束。接下来解释一下,什么是响应者链。通过以上的单击打印测试,响应者链可以简单理解为 pointInside 返回 YES,并且 hitTest 方法返回非空的 View 都属于响应者链的一部分,这与上面所提到的 touchBegan 是相对应的。这只是我们通过实验得到的结果。那什么是响应者呢?

响应者:继承自 UIResponder 的类都称为响应者。

问一个问题,你知道 UIView 和 UIViewController 的父类是谁吗? 没错,实际开发中经常打交道的这两个类都是继承自 UIResponder 类,这个类对于开发者来说似乎很少见到和用到,但 UIResponder 类提供了一些常用的方法,例如 becomeFirstResponder、touchesBegan、motionBegan 等一系列方法。

如图 3-4 所示,在 Apple 的官方文档中提供了 iOS 中响应链层级。

可以看到,当寻找出一个响应者接收响应事件的时候,也确定了该次响应的响应链,包括 view、控制器的 view、控制器、Window、Application。这里结合图 3-4 提及一个场景,就是实际开发中经常采用 UITabBarViewController 结构来搭建 APP。我们知道,在 UITabBarView-Controller 中,每个 item 都包含另外一个控制器,甚至可能是导航栏控制器。举个简单例子,例如在 UITabBarViewController 结构中,包含若干个 item,这里先只看第一个,第一个 item 是一个导航栏控制器,导航栏控制器有一个根控制器,假设称之为 FirstViewController,在 FirstViewController 的 view 上有一个 button,当我们单击 button 的时候,形成的响应链是如何的呢? 结合图 3-4 可以分析出,响应链为:

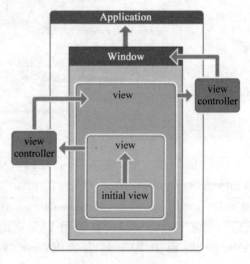

图 3-4　响应链层级

button→FirstViewController. view→FirstViewController→FirstViewController. naviga-tionCtroller. view→FirstViewController. navigationCtroller→UITabBarViewController. view→UITabBarController→Window→Application。

本节小结

当我们单击屏幕时,系统会记录该次的触摸事件,添加到 Application 的事件队列中,然后从 keyWindow 开始依次向上寻找,结合响应者的 pointInside 方法和 hitTest 方法找出处理该触摸事件的 View,从而也形成一条事件响应链。

结合本节响应链的知识点,在实际开发中有很多使用的场景,例如处理多个UIScrollView 的手势冲突,扩大 UIButton 的响应范围,这些都是通过重写 pointInside 方法或者 hitTest 方法来实现的。但与此同时,开发者应当注意,使用前应当思考充分,避免屏蔽了其他单击事件的响应链。

3.4 UITableViewCell 高度

作为移动开发者,当然也是作为更多移动产品的使用者,会发现如果某一 APP 有社交属性,通常会有类似微信朋友圈的功能,而在微信朋友圈中,我们会看到有九宫格的图片展示,因此不定个数的图片再加上不定长度的文字,会使每一个 UITableViewCell 高度不尽相同。在 iOS 8 之后,更多人倾向于使用 UITableView 的自动算高来解决这一问题,这其实并不简单,本节将带领读者完整地实现 UITableViewCell 中嵌套 UICollectionView,并解决其中出现的若干问题。

在写代码之前,先简单了解一下 UITableView 的高度问题。

(1) 如果 UITableViewCell 的行高是固定的,可以直接设置其 rowHeight 属性,或者实现 UITableViewDelegate 中的方法:

```
- (CGFloat) tableView:(UITableView * ) tableView heightForRowAtIndexPath:(NSIndexPath
* )indexPath
```

这两个都可以返回固定高度,但是通过属性设置可以避免不必要的方法调用,需要说明的是,如果同时设置了 rowHeight 属性和实现该代理方法,则会使 rowHeight 失效。

(2) 如果 UITableViewCell 的高度并不是固定的,在 iOS 7 之后系统提供了估算高度的方法。可以通过设置 estimatedRowHeight:

```
tableView.estimatedRowHeight = 60;
```

或者实现代理方法:

```
- (CGFloat)tableView:(UITableView * )tableView
estimatedHeightForRowAtIndexPath:(NSIndexPath * )indexPath
```

然而值得一提的是,估算高度在 iOS 7 中算是一个过渡版本,仍然需要实现对应的方法:

```
- (CGFloat)tableView:(UITableView *)tableView heightForRowAtIndexPath:(NSIndexPath
*)indexPath
```

因为是代理方法调用中,系统会先根据估算值乘以个数来确定一个"差不多"的contentSize,最后再根据实际高度做调整,所以你甚至可以看到滚动条跳动的情况。在iOS 7 之后,开发者依然可以这么做,因为这是向前兼容的,但实际上这是比较麻烦的,因为涉及动态 cell 高度,这样写比较麻烦,所以项目在支持到 iOS 7 时,一般还是不采用设置tableView 的 estimatedRowHeight 属性以及不实现这个 estimatedHeightForRowAtIndexPath的代理方法,直接按照以前的写法。

(3)iOS 8 之后,开发者可以直接使用动态高度的策略,而不必再相对于上一步去实现cell 的真实高度。但是尽管苹果对 cell 进行过优化,但相对于 iOS 7 的执行策略,cell 的代理方法会执行更多次,即同一份代码在 iOS 7 和 iOS 8 的系统中执行高度的次数是不一样的,这是因为其实现的关系。并且,已经加载过的 cell 重新加载到屏幕上时会重新去计算高度,虽然麻烦,但这应当是更符合逻辑的,iOS 7 并不会去这么做。

所以当你的项目最低支持到 iOS 8 时,就省去了很多烦恼,不必再写很多麻烦的代码。实际上,根据市场上 iOS 系统的占比情况,一般应用支持到两至三个系统是比较明智的做法,即覆盖了绝大多数用户,又不用为适配过早系统而花费精力和时间。本书一般都会基于iOS 8 来讲解,包括本节内容。因此可以抛弃对 iOS 7 的支持了。

以上介绍了关于 UITableViewCell 的高度的历史,接下来,我们根据需求来对其嵌套UICollectionView 进行实现。

假设要实现一个类似于微信朋友圈的内容。包括用户头像、昵称、文本以及九宫格图片。为了更好地理解,特地展示一张微信朋友圈的图片,如图 3-5 所示(以下实现暂不考虑日期和评论按钮)。

图 3-5　微信朋友圈示例

请原谅笔者的跑题能力,看到这种类似于朋友圈的实现,笔者想再多言几句。我们知道关于 UITableView 的优化最重要的一点是其 cell 的复用,而一般我们对于同一类型的cell 都会使用同一个重用标识符,而且同一个重用标识符的 cell 直接复用不会有太多的不同。在像朋友圈的这种实现中,如果要设置同一个重用标识符,那么可能不同的 cell 中图片个数会不一样。你可能觉得在 cell 中嵌套UICollectionView 有些大材小用,便尝试自己封装一个,然后根据图片个数做动态调整,这是比较麻烦的,因为你可能涉及重复地创建更多的格子或者销毁多余的格子,甚至你可以对此进行优化,例如根据九宫格图片的个数来划分不同的重用标识符,也就是说不需要对格子做增删,一个需要展示 4 张图片的 cell 下一次被重用时依然只会展示 4 张图片,这或许是一个好办法,但实际上有两个问题,第一当你滑动了很多之后,其 UITableView 的 cell 重用队列将会有很多的备用 cell,因为可能在某时刻屏幕上只存在同一种 cell,例如屏幕上有三个只有两张图片的 cell,当滑动之后,这三个 cell 都将在重用队列中;第二个问题是需要对实现来说更为复杂,例如总共最多是 9 个格子,我们便要注册 9 种 cell 标识符,这也是比较麻烦的。所以相对于以上两种方案来说,在 cell 中嵌套 UICollectionView 不失为一种既方便又有效的方法。

为了实现效果以及阐述问题,我们在工程中采用了 AutoLayout 的第三方库 Masonry,并且只为了达到演示效果,不考虑机型适配。

建立一个工程,在自带的 ViewController 类中添加一个 UITableView,当然,也可以在 Main. storyboard 中将 ViewController 改成 UITableViewController。这里选择的是自己添加一个 UITableView。

```objectivec
// ViewController. m
# import "ViewController. h"
# import < Masonry. h >
# import "MyTableViewCell. h"

@interface ViewController()< UITableViewDelegate, UITableViewDataSource >
@property(nonatomic, strong) UITableView * tableView;
@end

@implementation ViewController

- (void)viewDidLoad {
    [super viewDidLoad];

    self. tableView = [[UITableView alloc] initWithFrame:CGRectZero style:UITableViewStylePlain];
    self. tableView. delegate = self;
    self. tableView. dataSource = self;
    self. tableView. estimatedRowHeight = 100;
    [self. view addSubview:self. tableView];

    [self makeConstraints];
}

- (void)makeConstraints {
    [self. tableView mas_makeConstraints:^(MASConstraintMaker * make) {
        make. edges. equalTo(self. view);
    }];
}
@end
```

我们只需要展示这个 UITableView,所以将其约束设置到与控制器的 view 一致即可。另外我们采用动态高度,给 UITableView 设置了一个估值 100 的 cell 高度。

接下来创建自定义 cell,我们暂取名为 MyTableViewCell。在 cell 中,有头像、姓名、文字内容、图片组,对应的实现代码如下。

```objc
// MyTableViewCell.h
#import <UIKit/UIKit.h>
@interface MyTableViewCell : UITableViewCell
- (void) updateUIWithName: (NSString * ) name content: (NSString * ) content picsCount:
(NSInteger)picsCount;
@end

// MyTableViewCell.m
#import "MyTableViewCell.h"
#import <Masonry.h>

@interface MyTableViewCell()<UICollectionViewDelegateFlowLayout, UICollectionViewDataSource>
@property(nonatomic, strong) UIImageView * headImageView;
@property(nonatomic, strong) UILabel * nameLabel;
@property(nonatomic, strong) UILabel * contentLabel;
@property(nonatomic, strong) UICollectionView * picsCollectionView;

/** 图片个数 */
@property(nonatomic, assign) NSInteger picsCount;

@end

@implementation MyTableViewCell

- (instancetype) initWithStyle: (UITableViewCellStyle) style reuseIdentifier: (NSString * )
reuseIdentifier {
    if (self = [super initWithStyle:style reuseIdentifier:reuseIdentifier]) {
        [self configUI];
    }
    return self;
}

- (void)configUI {
    self.headImageView = [[UIImageView alloc] init];
    [self.contentView addSubview:self.headImageView];

    self.nameLabel = [[UILabel alloc] init];
    self.nameLabel.font = [UIFont systemFontOfSize:16];
    self.nameLabel.textColor = [UIColor colorWithRed:63.f/255 green:91.f/255 blue:140.f/
255 alpha:1];
    [self.contentView addSubview:self.nameLabel];

    self.contentLabel = [[UILabel alloc] init];
    self.contentLabel.font = [UIFont systemFontOfSize:16];
    self.contentLabel.textColor = [UIColor blackColor];
    self.contentLabel.numberOfLines = 0;
    [self.contentView addSubview:self.contentLabel];

    UICollectionViewFlowLayout * layout = [[UICollectionViewFlowLayout alloc] init];
```

```objc
    layout.minimumInteritemSpacing = 5;
    layout.minimumLineSpacing = 5;
    layout.itemSize = CGSizeMake(80, 80);
    self.picsCollectionView = [[UICollectionView alloc] initWithFrame:CGRectZero
collectionViewLayout:layout];
    self.picsCollectionView.backgroundColor = [UIColor whiteColor];
    self.picsCollectionView.delegate = self;
    self.picsCollectionView.dataSource = self;
    [self.picsCollectionView registerClass:UICollectionViewCell.class forCellWithReuseIdentifier:
@"UICollectionViewCell"];
    [self.contentView addSubview:self.picsCollectionView];

    [self makeConstraints];
}

- (void)makeConstraints {
    [self.headImageView mas_makeConstraints:^(MASConstraintMaker *make) {
        make.left.mas_equalTo(self.contentView).offset(10);
        make.top.mas_equalTo(self.contentView).offset(15);
        make.size.mas_equalTo(CGSizeMake(42, 42));
    }];

    [self.nameLabel mas_makeConstraints:^(MASConstraintMaker *make) {
        make.left.mas_equalTo(self.headImageView.mas_right).offset(10);
        make.top.mas_equalTo(self.headImageView);
        make.right.mas_lessThanOrEqualTo(self.contentView);
    }];

    [self.contentLabel mas_makeConstraints:^(MASConstraintMaker *make) {
        make.left.equalTo(self.nameLabel);
        make.top.equalTo(self.nameLabel.mas_bottom).offset(10);
        make.right.mas_lessThanOrEqualTo(self.contentView).offset(-30);
    }];

    [self.picsCollectionView mas_makeConstraints:^(MASConstraintMaker *make) {
        make.left.mas_equalTo(self.nameLabel);
        make.top.mas_equalTo(self.contentLabel.mas_bottom).offset(10);
        make.width.mas_equalTo(80 * 3 + 5 * 2);
        make.height.mas_equalTo(0).priorityMedium();
        make.bottom.mas_equalTo(self.contentView).offset(-15);
    }];
}
- (void)updateUIWithName:(NSString *)name content:(NSString *)content picsCount:
(NSInteger)picsCount {
    //演示用,这里不设置和下载用户头像
    self.headImageView.backgroundColor = [UIColor cyanColor];
    self.nameLabel.text = name;
    self.contentLabel.text = content;
    self.picsCount = picsCount;
    NSInteger lines = ceil(picsCount/3.f);
```

```
    [self.picsCollectionView mas_updateConstraints:^(MASConstraintMaker * make) {
        make.height.mas_equalTo(lines * 80 + MAX(lines - 1, 0) * 10).priorityMedium();
    }];

    [self.picsCollectionView reloadData];
}

#pragma mark - delegate & dataSource

- (NSInteger)collectionView:(UICollectionView *)collectionView numberOfItemsInSection:
(NSInteger)section {
    return self.picsCount;
}

- (UICollectionViewCell *)collectionView:(UICollectionView *)collectionView
cellForItemAtIndexPath:(NSIndexPath *)indexPath {
    UICollectionViewCell * cell = [collectionView dequeueReusableCellWithReuseIdentifier:
@"UICollectionViewCell" forIndexPath:indexPath];
    cell.backgroundColor = [UIColor colorWithRed:arc4random() % 255 / 255.f green:
arc4random() % 255 / 255.f blue:arc4random() % 255 / 255.f alpha:1];
    return cell;
}
@end
```

我们给 cell 添加了控件,并使用 Masonry 来为这些控件添加约束。需要注意的是,我们对外提供了一个接口,该接口设计比较简单,并且没有实际将图片数组作为参数传递进来,而是仅传递数组的个数,这样仅仅是为了方便演示效果,在实际开发中可以传递真实的数组对象。

值得注意的是,在 makeConstraints 方法中,我们默认让 collectionView 的高度设置为0,并将该约束的优先级设置为 medium。除此之外,还在 updateUI 方法中根据图片个数 update 了 collectionView 的高度约束,同样将优先级设置为 medium,这么做的原因后面再做分析。自定义 UITableViewCell 完成后,就可以在控制器中使用了,控制器中最终的代码如下。

```
// ViewController.m
#import "ViewController.h"
#import <Masonry.h>
#import "MyTableViewCell.h"

@interface ViewController()<UITableViewDelegate, UITableViewDataSource>
@property(nonatomic, strong) UITableView * tableView;
@end

@implementation ViewController

- (void)viewDidLoad {
    [super viewDidLoad];
```

```
    self.tableView = [[UITableView alloc] initWithFrame:CGRectZero style:UITableViewStylePlain];
    self.tableView.delegate = self;
    self.tableView.dataSource = self;
    self.tableView.estimatedRowHeight = 100;
    [self.view addSubview:self.tableView];

    [self makeConstraints];
}

- (void)makeConstraints {
    [self.tableView mas_makeConstraints:^(MASConstraintMaker * make) {
        make.edges.equalTo(self.view);
    }];
}

#pragma mark -
- (NSInteger)tableView:(UITableView *)tableView numberOfRowsInSection:(NSInteger)section {
    return 20;
}

- (UITableViewCell *)tableView:(UITableView *)tableView cellForRowAtIndexPath:(NSIndexPath *)
indexPath {
    MyTableViewCell * cell = [tableView dequeueReusableCellWithIdentifier:@"Cell"];
    if (nil == cell) {
        cell = [[MyTableViewCell alloc] initWithStyle: UITableViewCellStyleDefault
reuseIdentifier:@"Cell"];
    }
    [cell updateUIWithName:@"李白" content:@"长风破浪会有时,直挂云帆济沧海" picsCount:
indexPath.row % 10];
    return cell;
}

@end
```

我们实现了 UITableView 最基本的两个 UITableViewDataSource 方法,展示 20 条数据,并且对每个 MyTableViewCell 传递了相同的 name 和 content,以及不同的图片数。这里是比较简单的,接下来项目即可以运行,效果如图 3-6 所示。

可以看到和我们常见的微信朋友圈是大致类似的,并且此时是没有任何警告的,在搭建 UI 时,特别是在用 AutoLayout 搭建复杂页面时,通常会有警告,警告主要在三个方面,第一是在运行时由编译器检测出,也就是常见的黄色三角感叹号;第二是代码执行时,由于不合理的设置导致系统或者 Masonry 内部出现警告,这一般在控制台会有打印;第三也是在运行时由于不明确的约束设置或者缺失,会导致一些非常小的问题,这里一般是一些建议性的警告,重要性不如前两者,因此很容易被开发者忽视,位置在 Xcode 左侧导航栏的第 4 个位置:Issue navigator 之下的 Runtime 下,如图 3-7 所示的位置。

然而上面的代码运行起来没有任何警告,但现在还不能高兴得太早,下面需要做一些"小破坏"。

图 3-6　朋友圈 demo 效果

图 3-7　运行时警告

　　自 iOS 发布 AutoLayout 以来,约束的值范围是 0～1000,值越大代表约束优先级越高,在出现约束冲突时会以高优先级的约束为主。当我们利用 Masonry 设置约束时一般不会对其设置优先级,所以约束有个默认的优先级,我们在 MyTableViewCell 中的 makeConstraints 方法中为 headImageView 设置约束的下面增加如下一些代码。

```
[self.headImageView mas_makeConstraints:^(MASConstraintMaker * make) {
    make.left.mas_equalTo(self.contentView).offset(10);
    make.top.mas_equalTo(self.contentView).offset(15);
    make.size.mas_equalTo(CGSizeMake(42, 42));
}];
//增加以下代码
NSLog(@"Constraints: % @", self.headImageView.constraints);
NSLog(@" first constraints priority:% f", self.headImageView.constraints.firstObject
.priority);
```

控制台打印结果如下。

```
Constraints: (
    "<MASLayoutConstraint:0x6000000b5e40 UIImageView:0x7fadc5d0c2f0.width == 42>",
    "<MASLayoutConstraint:0x6000000b5f00 UIImageView:0x7fadc5d0c2f0.height == 42>"
)
first constraints priority:1000.000000
```

　　可以看到,设置普通的约束默认优先级是最高的,也就是 1000,不管是 equalTo 还是

lessThan，都是 1000，除非手动设置为低一级的。这里有一个很有意思的事，在 UILayoutPriority 的注释中也可以看到这样两句话：

```
static const UILayoutPriority UILayoutPriorityDefaultHigh = 750// This is the priority level
// with which a button resists compressing its content.
static const UILayoutPriority UILayoutPriorityDefaultLow = 250// This is the priority level
// at which a button hugs its contents horizontally.
```

这里用 UIButton 作为对比的对象，如果经常使用 AutoLayout 会发现，对于 UIButton 设置约束，一般只需要对其设置水平和竖直位置即可，UIButton 会根据其 image 和 title 的内容自动扩展到一个完美的大小。例如，在屏幕水平位置上有一个 button 和另外一个 UIView 称为 aView，给 button 设置了 image 或者 title，会使 button 产生一个宽度，当这个宽度与 aView 的宽度合起来超过屏幕宽度的时候，就必定会使其中一个压缩变形。一般来说，同样宽度优先级的情况下，在右侧的控件会被压缩，以满足产品需求。但控件 aView 的宽度约束必须高于 750，也就是 UILayoutPriorityDefaultHigh 才能让 UIButton 压缩，否则如果小于等于 750 都会使 aView 自己被压缩。相反，如果 button 的宽度与 aView 的宽度合起来没有屏幕宽的话，则会使其中一个拉伸，相同优先级下右侧控件会被拉伸，所以如果 aView 不想被拉伸，其宽度的优先级必须要大于 UILayoutPriorityDefaultLow，即 250。其实不仅在水平方向上，垂直方向上也会有这种问题，在下方的控件会被先压缩，在下方的控件也会被先拉伸。虽然系统以友好的方式做了处理，但同等优先级的约束应该是相同的地位，"左上至上"的原则只是一种友好处理，并且 Masonry 已经在控制台打印了约束有冲突的警告。

承接之前遗留的问题，首先我们将 MyTableViewCell 中的两个 collectionView 的高度约束优先级取消设置为 medium，这样 collectionView 的高度约束便成了一个一般性的优先级的约束，刚才也证明了，如果不设置任何优先级即约束是 required 的，值为 1000。我们将 collectionView 的高度约束从 medium 改成了 required，即升高了该约束的优先级，那么为什么要这么做呢？

我们在去掉 medium 之后运行项目发现控制台开始打印东西了，这时候会很好奇，为什么会有警告呢？事实上，在我们给一般 UITableViewCell 设置约束的时候，根本不会对任何一个控件的高度约束设置为较低的优先级，为何偏偏在用到嵌套 UICollectionView 时会出现这样的问题？这时候先看一下打印的内容，内容比较多，下面节选重要的一部分。

```
(
    "<MASLayoutConstraint:0x6180000b72e0 UIImageView:0x7fd1d3531f30.top ==
UITableViewCellContentView:0x7fd1d3531c30.top + 15>",
    "<MASLayoutConstraint:0x6180000b7700 UILabel:0x7fd1d3532110.top ==
UIImageView:0x7fd1d3531f30.top>",
    "<MASLayoutConstraint:0x6180000b7ac0 UILabel:0x7fd1d35323a0.top ==
UILabel:0x7fd1d3532110.bottom + 10>",
    "<MASLayoutConstraint:0x6180000b7f40 UICollectionView:0x7fd1d50b9600.top ==
UILabel:0x7fd1d35323a0.bottom + 10>",
    "<MASLayoutConstraint:0x6180000b8120 UICollectionView:0x7fd1d50b9600.height == 260>",
```

```
    "< MASLayoutConstraint:0x6180000b81e0 UICollectionView:0x7fd1d50b9600.bottom ==
UITableViewCellContentView:0x7fd1d3531c30.bottom - 15 >",
    "< NSLayoutConstraint:0x61800009b030 UITableViewCellContentView:0x7fd1d3531c30.height
== 168.667 >"
)


Will attempt to recover by breaking constraint
< MASLayoutConstraint:0x6180000b8120 UICollectionView:0x7fd1d50b9600.height == 260 >
```

这是 Masonry 为我们整理的约束分析,其实是比较简单易读的。这份 log 从上至下依次介绍了垂直方向上的关系,最后形成一个连续且完整的垂直方向上的空间,动态计算高度正是根据这个高度来确定 cell 的高度。我们先来分析一下打印的 log:

```
UIImageView.top = UITableViewCellContentView.top + 15
UIImageView.top = UILabel.top
UILabel.top = UILabel.bottom + 10
UICollectionView.top = UILabel.bottom + 10
UICollectionView.height = 260
UITableViewCellContentView.bottom = UICollectionView.bottom + 15
UITableViewCellContentView.height = 168.667
```

这基本都是之前设置好的约束,其中,UICollectionView. height = 260 是最后 update 形成的,但最后一个就感觉很奇怪了:UITableViewCellContentView. height = 168.667,我们并没有设置 cell 的 contentView 的高度,为何这里会出现一个高度的约束,并且可知警告的出现肯定是和这个约束有关的。

事实上,这个约束是系统帮我们自动加的,由于是动态高度,所以必须要确定 cell 的高度,在其 subViews 都确定的时候,系统会自动加一个高度的约束。证明方法是,我们在 cellForRowAtIndexPath 方法中打印一下 Cell. contentView. constraints 可以发现,一开始是没有 UITableViewCellContentView 高度的约束的,随着继续向下滑动,cell 开始复用,便开始有了 UITableViewCellContentView 的高度约束,而正是这个多的约束,导致我们的约束冲突。结论就是,UITableViewCell 复用后会增加 UITableViewCellContentView 的高度约束,由于这个高度约束可能是之前的,所以复用后与当前高度不符便出现了警告。

到此处读者可能会有疑惑,为何 UITableViewCellContentView 会有高度约束? 实际上在完全 AutoLayout 的情况下,cell 是由内容将其撑开的,而 cell 本身决定了其在 UITableView 中的高度,为了保存这个高度,系统会为 UITableViewCellContentView 添加一系列的约束,其中就包括高度。然后复用时,当约束有冲突时,应当有其中一个设置为优先级较低的,来避免冲突,但又不能影响 update 整个 cell 的高度,所以将可变的 collectionView 的高度设置为 medium,最后虽然是 medium 的高度,但也能和其他控件一起撑起 cell,cell 形成一个新的高度约束,这个新的高度同样是 1000 的优先级。事实上,在一般的动态高度 cell 中都会有较低优先级的高度,有时也会是不限制高度的 UILabel 或者 UIButton 等,如果都是确定高度的,那么 cell 的高度也都是一样的了。

本节小结

AutoLayout 给我们在多尺寸屏幕适配上提供了便利,但介于系统对 AutoLayout 进行实际计算获取大小时是比较消耗 CPU 的，特别是复杂的 UITableViewCell 这样的情况，可以感觉到很明显的卡顿，所以建议复杂界面的 AutoLayout 还是需要慎用，必要时还是使用 Frame 布局，同时也尽量做一些高度缓存的操作来提升显示效果。或者对 cell 不设置约束，重写-sizeThatFits：方法，根据实际内容返回高度，协同-layoutSubViews 方法来对 subViews 重新布局，因为系统是先调用-sizeThatFits：方法再调用-layoutSubViews 方法，这样也可以提升动态行高的流畅性。

3.5 图片初始化

图片是开发中常用的对象，现在的 APP 几乎不可能不使用图片，在 iOS 中，系统提供了非常方便的 API 来创建图片，而在 UIImage 的头文件中，可以看到系统提供的初始化方法竟然达到了十几种之多，这在 UIKit 甚至是 Foundation 框架中都是非常少见的，如此多的初始化方法足以说明 UIImage 在日常开发中使用的重要性，但同时也表示出不同的方法有不同的作用，可能会有或多或少的问题。

或许有读者会疑惑，在日常创建使用 UIImage 时非常方便，通过 imageName 就可以很方便地创建，对于网络图片也可以使用请求下来的图片内容 Data 来创建，而且在使用的过程中并没有发现有任何问题。

在近几年的 Xcode 版本中，创建一个项目 Xcode 会自动生成一个名为 Assets.xcassets 的蓝色文件夹目录，用于存放系统中用到的图片，并且会根据项目的支持 iOS 版本和机型，提供不同分辨率的图片选择，在使用中开发者并不需要关心具体使用哪个图片，系统会自动根据机型适配出对应的图片。如果有读者接触过 Xcode 5 之前的版本，或许了解 Images.xcassets 是在其之后提出的，之前的大多数图片都是以文件夹的形式直接放在项目目录中。而在 Xcode 7 之后，Images.xcassets 又换了个名字，改成 Assets.xcassets 了，所以当你的项目是 Xcode 7 之后创建的，一般图片资源目录的名字都是叫这个，是 Xcode 7 之前的版本迁移过来的，一般都还是沿用之前的 Images.xcassets。究其原因，大概是苹果考虑到该目录下不仅是存放图片资源，也有可能是存放视频、字体文件等，因此叫 Images.xcassets 似乎不大合适。

存放到 xcassets 中的资源文件最后会打包成 Assets.car 包，打包成该文件的主要目的是为了节省 ipa 包的大小，在当前 APP 愈加庞大的时代，对其 ipa 包的瘦身就显得很有必要，尤其是作为图片资源这样比较占用内存的文件来说，将其打包成 Assets.car 可以节省出比较客观的空间。当然对加到.xcassets 目录中之前对图片等资源进行必要的压缩还是很有必要的。其次是由于 Xcode 5 推出时也是 iPhone 5s 问世，虽然 iPhone 5s 与之前的 iPhone 屏幕宽度都是 320，且此时还没有做适配的概念，但提出了使用 Images.xcassets 暴露了苹果要做大屏手机的野心，也就是为了方便后面开发者做不同屏幕尺寸的适配。其三是为了保护图片的安全性，之前仅放置在文件夹下的图片资源只要获取到 ipa 包就能解压被获取，一些"偷懒"的开发者和设计师经常会这么做，因此保护自己或者公司的图片资源也是对设计师成果的一种保护，就像保护开发者的代码一样。

最后一个涉及的方面，就是本节涉及的重点：图片的创建在内存中所占用内存大小以及持续状态。在本节一开始我们提到，创建图片的初始化方法虽然多达十几种，但开发者较为常用的方法只有两种（在这十几种方法中有一些是属于同一方法的适配器模式方法）：

```objc
+ (nullable UIImage * )imageNamed:(NSString * )name;
+ (nullable UIImage * )imageWithContentsOfFile:(NSString * )path;
```

　　一个是直接通过图片名称来创建图片对象，在 Images. xcassets 问世后，开发者甚至不用写出图片的"@2x"、"@3x"后缀，系统会先在 Images. xcassets 中根据机型查找对应的 scale 的图片，如果适配了 Plus 机型则会查找对应的@3x 图片，否则查找对应的@2x 图片。如果在 Images. xcassets 中没有找到，会在工程目录的图片资源中查找与之完全对应的图片，注意此时不再查找是否是@2x 或者@3x 的图片，仅查找与名称完全一致的图片。举个例子，如果当前 APP 适配了 Plus 机型，并且此时需要加载一个名为"moon"的月亮图片，我们创建的方法是[UIImage imageNamed:@"moon"]，系统会先查找"moon@3x. png"图片，如果没有找到，则会查找"moon@2x. png"，如果还是没有找到，则会在 MainBundle 中查找名为"moon. png"的图片资源。这是整个的一个流程。

　　为了研究 imageNamed 方法和 imageWithContentsOfFile 方法到底有何区别，我们先创建一个示例工程：

```objc
// ViewController.m
# import "ViewController.h"
@ interface ViewController()
@ property(nonatomic, strong) UIImageView * imageView;
@ property(nonatomic, strong) UIButton * showButton;
@ property(nonatomic, strong) UIButton * dismissButton;
@ end

@ implementation ViewController
- (void)viewDidLoad {
    [super viewDidLoad];
    self. imageView = [[UIImageView alloc] initWithFrame:CGRectMake(100, 100, 100, 50)];
    [self. view addSubview:self. imageView];

    self. showButton = [UIButton buttonWithType:UIButtonTypeCustom];
    self. showButton. frame = CGRectMake(50, 50, 80, 40);
    [self. showButton setTitle:@"show" forState:UIControlStateNormal];
    [self. showButton setTitleColor:[UIColor blackColor] forState:UIControlStateNormal];
    [self. showButton addTarget: self action: @ selector ( showButtonClick) forControlEvents:
UIControlEventTouchUpInside];
    [self. view addSubview:self. showButton];

    self. dismissButton = [UIButton buttonWithType:UIButtonTypeCustom];
    self. dismissButton. frame = CGRectMake(200, 50, 80, 40);
    [self. dismissButton setTitle:@"dismiss" forState:UIControlStateNormal];
    [self. dismissButton setTitleColor:[UIColor blackColor] forState:UIControlStateNormal];
    [self. dismissButton addTarget: self action: @ selector(dismissButtonClick) forControlEvents:
UIControlEventTouchUpInside];
    [self. view addSubview:self. dismissButton];
```

```
}

- (void)showButtonClick {
    BOOL isImageNamed = YES;
    if (isImageNamed) {
        self.imageView.image = [UIImage imageNamed:@"yellow"];
    } else {
        NSString * path = [[NSBundle mainBundle] pathForResource:@"yellow@3x" ofType:@
"png"];
        UIImage * image = [UIImage imageWithContentsOfFile:path];
        self.imageView.image = image;
    }
}

- (void)dismissButtonClick {
    self.imageView.image = nil;
}
@end
```

这是代码部分,另外我们还准备了一张用于显示的图片,如图 3-8 所示。

图 3-8　测试图片展示

这是一张普通的 png 图片,我们准备了@2x 和@3x 两张,该图片的实际大小和尺寸是:@2x 的为 9KB 和 750×370 像素,@3x 的为 11KB 和 1240×612 像素。我们将这两张图片分别放在 Assets.xcassets 目录中以及项目结构的某个文件夹中,如图 3-9 所示。

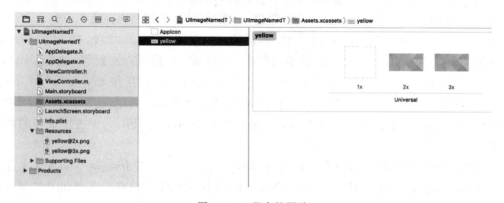

图 3-9　工程中的图片

我们在 iPhone 7Plus 的模拟器上运行,分别通过以上介绍的两种方式创建图片对象。(由于是使用模拟器运行,与真机运行相比,其内存消耗往往大很多,在本节示例代码运行时,模拟器产生的数据仅作为数据变化趋势的参考,具体数值并不需要参考。)

在 showButtonClick 方法中,我们通过 isImageNamed 这个布尔值开关,来控制 UIImageView 的图片加载方式。当我们将 isImageNamed 设置为 YES 时,图片是通过 imageNamed 方法加载,此时的模拟器的运行数据为,当工程启动后不做任何操作,项目所占内存大小为 21.7MB,单击 show 按钮,正确加载图片资源,此时所占内存为 26.8MB,增加了 5MB 的内存,然而此时单击 dismiss 按钮,将 imageView.image 置为 nil 时却发现内存并没有降低,仍然保持在 26.8MB 上下浮动 0.1MB。

我们再将 isImageNamed 开关置为 NO,使图片对象通过 imageWithContentsOfFile 方法创建。重新启动工程,启动后同样在不做任何操作情况下,所占内存仍然为 21.7MB,单击 show 按钮,发现内存涨至为 24.7MB,只涨幅 3MB 左右,并且当单击 dismiss 按钮时,内存降至 21.8MB,释放后几乎不占用内存。

通过比较可以发现,在使用 imageNamed 方法时,虽然使用比较方便,但加载到内存时占用空间较大,且 image 对象释放后,内存中仍然保持一份该图片的内存占用,而使用 imageWithContentsOfFile 方法时,虽然使用时较为麻烦,需要获取在 Bundle 中的路径才能创建图片对象,但创建后的图片所占空间比前者小很多,并且在释放 image 对象后,内存完全回收,不存在占用内存空间。

通过上面的示例可以得出,[UIImage imageNamed:]方法创建的图片对象会一直存在于内存,不过这并不一定是不好的事情,因为如果有相同的图片需要被再次加载到屏幕上时,由于内存中已经加载过该图片,不需要对图片进行解码等操作,所以再次加载非常快速。而通过[UIImage imageWithContentsOfFile:]方法虽然每次都需要重新加载,但所占用内存不大,使用完也会及时释放。这两者其实就是时间和空间的问题,在使用时需要分别对应其使用场景。

对于[UIImage imageNamed:]方法来说,适用于一些比较常用且较小的图片 icon,例如导航栏的自定义返回 item 的图片,这在每个控制器中都会使用到,因此可以使用[UIImage imageNamed:]方法。但对于一些例如启动图的比较大、不常用,且占用空间较大的图片资源,还使用该方法会出现内存暴涨,并且不会释放,因此对于该类图片推荐采用[UIImage imageWithContentsOfFile:]方法,即用即创建,不用就销毁,创建时内存还比较小。

之前的实例中提到,对于两个创建方法,在创建并显示之后,使用[UIImage imageWithContentsOfFile:]方法创建图片所占用的内存空间要比[UIImage imageNamed:]小一些,因此可以对此进行优化,自定义缓存策略,使用[UIImage imageWithContentsOfFile:]创建图片对象,并缓存到一个全局字典中,这样一来,在大规模使用图片的情况下,可以比使用[UIImage imageWithContentsOfFile:]少占用很多的内存空间。

上面一段话似乎很完美,但是我们采用 Assets.xcassets 或者 Images.xcassets 来存放图片的情况,却只能通过[UIImage imageNamed:]方法来创建。只有存在普通文件夹目录的图片,也就是一打开 ipa 包就暴露出来的图片才能通过[UIImage imageWithContentsOfFile:]方法来获取。

本节小结

对于创建图片来说，比较常用的还是［UIImage imageNamed：］和［UIImage imageWithContentsOfFile：］两种方法，这两种方法各有利弊，开发者需要综合考量，既要考虑到安全性，也要考虑对内存的占用情况，只有合理利用才能发挥出最大的作用，才能明显提升 APP 的性能。

3.6　静态库与动态库

在 iOS 开发中，经常会使用一些第三方库，对于其中的一些第三方库使用来说，可以分为静态库和动态库，这也是开发中比较常见的，除此之外还会有 framework 以及 dylib 的概念。如果开发者很少开发 SDK 的话，那么可能对这些库的概念并不会很清楚。再加上近年来苹果对库的限制和集成方式的变化，以及库的特性，使很多开发者对此表示云里雾里的，关于库方面的知识点，在面试时也是一个比较常见的考点，因此对静态库和动态库的了解是有一定必要的。

这里所说的库并不是通常所说的第三方库，而是一个比较狭义的概念，我们通常所用的第三方库集成可以通过 CocoaPods、Carthage，或者直接将源码拖到项目工程中。对于其中大多数第三方库来说，都是源码实现可见的，即开发者在集成的过程中可以看到第三方库的具体实现，并能打断点进行调试。而本节这里所说的库主要是静态库和动态库的概念。

本节不会去介绍如何创建静态库和动态库及其集成方式和使用方法，而是主要对其概念以及区别进行讲解和分析，让开发者对此有一定的了解。

那么在这里所说的库到底是什么呢？实际上，这里的库对应的英文是 Library，是一段已经编译好的二进制文件，其自身的实现是对外不可见的，使用者只能看到头文件或者 Swift 中的 moudlemap。由于库代码的实现是对外不可见的，可能是出于库作者不想暴露源码，仅希望对外提供功能接口；当然也有可能是库比较稳定，不会存在经常修改的可能性，因此封装成库文件集成到项目中，可以节省项目的编译时间。由于库不需要再次编译，因此编译时只需要 link 一下就可以，省去了编译的时间，而 link 的方式分为动态 link 和静态 link，因此有了动态库和静态库的区别。

那在形式上有什么区别呢？一般来说，我们所用的静态库在 iOS 开发中是以.a 的文件形式，而使用动态库则是以.dylib 的形式存在。但随着 Xcode 7 发布，添加动态库的方式不再是使用.dylib 形式的文件，而是采用了.tbd 的形式。在/Applications/Xcode.app/Contents/Developer/Platforms/iPhoneOS.platform/Developer/SDKs/iPhoneOS.sdk/System/Library/Frameworks 目录下的所有 framework，都包含一个.tbd 的一个文件，因此在自 Xcode 7 之后，在项目中所有涉及动态库的形式都是以.tbd 的方式。tbd 全称是 text-based stub libraries，简单翻译一下就是基于文本的存根库。那使用.tbd 和使用.dylib 有什么区别呢？刚刚说到，tbd 是基于文本的存根库，仅仅是表示当前工程中所需动态链接库的文本文件，可以看作是一个引用的记录文件。而在模拟器上是通过/usr/lib/目录下的.dylib 真实动态库，但在真实设备上运行时，是 iOS 系统自带这些系统动态库，因此可以直接使用。所以这样下来并没有节省 ipa 包的大小。在 Xcode 7 之前，添加系统动态链接库的方式是以.dylib 的形式，这并不是说没有采用.tbd 的方式就将.dylib 也打包到 ipa 包中，而是在

Xcode 7 之前都是将这些动态库集成在 Xcode 的 iOS SDK 中,而使用.dylib 仅仅是在使用模拟器中会用到,因为真机都是自带这些系统动态库的。因此可以理解为使用.tbd 实际上是减少下载 Xcode 中 iOS SDK 的大小。

如果想创建一个静态库或者静态库,那么需要新建一个 Xcode 项目工程,在 iOS 标签下的 Frameworks & Library 下可以看到有三个选择: Cocoa Touch Framework、Cocoa Touch Static Library 以及 Metal Library。其中,Metal Library 是有关图形处理的库,不在本节的讨论范围,主要是前两者。

那么到底 Framework 和 Library 有什么区别呢? 按照通常的翻译,Framework 翻译成框架,而 Library 翻译成库,但有时候二者区分比较混乱,有些时候将 Framework 翻译成某某库的也很常见。在前面也提到过系统的 Framework,例如 Foundation.framework,我们称之为 Foundation 框架,而 Open in Finder 之后是包含一个 tbd,如图 3-10 所示,可以看作是一个.dylib,或者说一个 Library。如此说来,这样复杂而又多样的关系着实让人有些摸不着头脑。到底 Framework 和 Library 是什么关系? 是否二者都有静态和动态的概念?

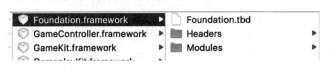

图 3-10　Foundation.tbd

再牵涉一个问题,为何 CocoaPods 中引用 Swift 库时,需要在 Podfile 中加上这样一句"use_frameworks!"?

其实在本节一开始所说的静态库与动态库,其实本质就是 Library,因为 Library 最重要的一个特点是将实现部分打包成二进制文件(.a)。但 Framework 是什么样的形式?

以 CocoaPods 来解释 Framework 是最恰当不过的,刚刚说到,如果你的项目使用 Swift 作为开发语言,那么在 Podfile 中需要加上一行: use_frameworks!。但这并非是 Swift 项目的专有,如果你的项目是使用 Objective-C 作为开发语言并且最低支持版本为 iOS 8+,那么加上"use_frameworks!"可以看到会在 Pods 工程下的 Products 文件目录下我们的第三方库使用形式为.framework。

Podfile 内容如下,我们使用了: use_frameworks!。

```
# Podfile
use_frameworks!
target '[ProjectName]' do
    pod 'AFNetworking'
end
```

我们仅仅添加了一个 AFNetworking,一个网络请求库,pod install 之后,打开 workspace,如图 3-11 所示,得到的产物为 Framework。

相反,如果我们的项目是 Objective-C 的话,那么还可以去掉"use_frameworks!"。

```
# Podfile
# use_frameworks!
```

```
target '[ProjectName]' do
    pod 'AFNetworking'
end
```

Podfile 是 Ruby 的代码文件，在 Ruby 中注释某一行代码是通过一个"♯"号，而不是在 iOS 开发中使用的"//"。

重新执行 pod install，在图 3-12 中可以看到 Pods 工程文件的 Products 目录下发生了变化。

图 3-11　Swift 下 Pod 形式

图 3-12　Objective-C 下 Pod 形式

我们看到生成了 libAFNetworking.a 的二进制文件，但有些情况下是红色的，红色状态为正常状态，读者不必细究。

可以看到仅仅一句"use_frameworks!"，让 CocoaPods 的机制完全变化了。前者采用的是 Dynamic Framework，后者是静态库 Static Library。这两者刚好是 Cocoa Touch Framework 和 Cocoa Touch Static Library 的实现，在 Xcode 中如图 3-13 所示。

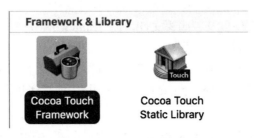

图 3-13　创建 Framework 和 Library

那么这两种到底有什么区别呢？这就又要牵涉到 2014 年下半年 WWDC2014 发布的 iOS 8 和 Xcode 6，并且还发布了许多新事物，例如发布全新语言 Swift，允许开发者创建使用动态 Framework。在此之前，苹果并不允许创建动态 Framework。允许使用动态 Framework 主要是鉴于 iOS 8 的 Extension 扩展应用，例如 Today Widget，使用动态 Framework 可以在类似插件和宿主应用中直接共用 Framework 中的代码，但苹果不允许利用动态 Framework 来做应用动态更新的功能。

因此对于动态 Framework 来说，并非是 iOS 8 才有的，像 UIKit.framework 和 Foundation.framework，这些都是动态 Framework，只是 iOS 8 之后允许开发者创建动态 Framework。但是对于 Framework 来说，并不是仅仅有动态 Framework（Dynamic

Framework),还有静态 Framework(Static Framework),这个或许读者很少听到过,因为现在苹果已经不开放创建静态 Framework 的入口了,但是可以通过第三方工具(https://github.com/kstenerud/iOS-Universal-Framework)来让该入口再现。那么什么是静态的 Framework 呢?与动态 Framework 又有什么区别?

静态 Framework 仅仅在 iOS 开发中存在过一段时间,CocoaPods 对其支持也是在 v0.36 版本以前了,但是如果你已经创建好了,iOS 系统仍然对其是支持的,只不过现在已不推荐使用静态 Framework,除非你的 Framework 还需要支持到 iOS 7 版本。静态 Framework 有伪 Framework(Fake Framework)和真 Framework(Real Framework)之分,真 Framework 比较好理解就是通过 Xcode 的入口创建的真实的静态 Framework,但其本质还是一个静态库,因为它仅仅是将 Static Library 封装入了 Framework 中。伪 Framework 是通过一种叫作可重定位目标文件(relocatable object file)的 Bundle 实现的,这会让 Xcode 在编译时将其看作一个 Framework,当然现在有第三方工具可以通过脚本将其生成一个真 Framework,同样也是将 Static Library 封装到 Framework 中。这里顺便再提一句,在动态 Framework 没有开放之前,动态 Framework 仅指的是系统自带的 Framework,因此那时候 Framework 的概念对于开发者来说,一般指的是静态 Framework,但现在一般都指的是动态 Framework。

上面介绍了关于 Framework 的知识点,先简单总结一下。Framework 分为静态和动态,动态除了系统 Framework 之外还有 iOS 8 之后对开发者开放的;静态 Framework 现在已经不推荐使用了,其本质是用静态库(Static Library)实现的。如果你的 SDK 或者 Framework 最低支持到 iOS 8+,建议使用苹果推荐的动态 Framework,而如果你的项目最低需要支持到 iOS 8 以前,那么要么使用静态 Framework,要么直接使用静态库。

到了这里,或许你已经明白了动态库和静态库的区别,也知道了动态 Framework 和静态 Framework 的区别,那么库(Library)和 Framework 的区别呢?一般来说,Library 仅包含编译后的二进制(.a)文件以及一些头文件。而 Framework 是一种比 Library 更高级的资源和代码管理方式,不仅可以达到类似 Library 的效果(在 Framework 中是可执行文件和头文件),还可以存放各种资源,包括.a 文件、.nib 视图文件、图片资源等。为什么说 Framework 更高级?因为 Framework 还可以区分版本、弱连接以及运行时初始化操作等。

本节小结

Framework 现在主流的用法是创建动态 Framework,而 Library 可以创建动态库和静态库。在创建动态库时,建议使用 Cocoa Touch Framework,而创建静态库建议使用 Cocoa Touch Static Library。根据实际开发需求,对 Framework 和 Library 的使用有助于我们分离功能代码以及缩短编译所需时间,更能节约应用运行所需的时间或空间。

注:Xcode9 现已推出全新静态库实现方式,由于时间关系,未能在本节说明,请读者见谅。

3.7 离屏渲染

关于 iOS 的性能优化,我们经常会听到"离屏渲染"这个词,而对于离屏渲染的了解很多人只停留在设置圆角会导致这个问题。那么什么是离屏渲染?为何会造成离屏渲染?怎么解决离屏渲染的问题?这些是本节的主要内容。

既然我们知道圆角会造成离屏渲染，那么先来写一个 demo。

```objc
@interface ViewController()
@property(nonatomic, strong) UIView *blackRoundView;
@end

@implementation ViewController
- (void)viewDidLoad {
    [super viewDidLoad];

    self.blackRoundView = [[UIView alloc] initWithFrame:CGRectMake(100, 100, 100, 100)];
    self.blackRoundView.backgroundColor = [UIColor blackColor];
    self.blackRoundView.layer.cornerRadius = 50.f;
    self.blackRoundView.layer.masksToBounds = YES;
    [self.view addSubview:self.blackRoundView];
}
@end
```

运行后打开模拟器的 Debug→Color Offscreen-Rendered，可以发现并没有任何有离屏渲染的地方。

这是为什么呢？可以先看一下苹果的官方文档，在其文档中对于圆角属性 cornerRadius 的解释是这样的：

给 layer 设置一个大于 0 的半径值会给其背景绘制一个圆角，默认情况下，圆角半径不会对 layer 的 contents 属性（通常为 CGImage）造成影响，而是对 layer 的背景以及边框（border）有影响，所以如果要使 layer 的 contents 也带有圆角效果，需要设置 layer 的 masksToBounds 属性为 YES。

通过上面这一段官方文档，我们了解到在设置圆角时，如果仅给一个圆角值是没有效果的，还需要配上 masksToBounds 属性设置为 YES 才能达到我们想要的效果。同时也提到了关于 CALayer 的结构的介绍，官方文档中还给出了一幅关于 CALayer 结构的示例图，如图 3-14 所示。

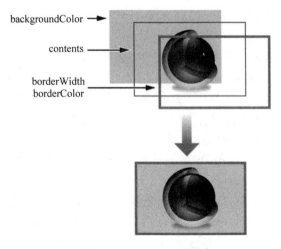

图 3-14　CALayer 结构

从图中可以看到 CALayer 是由三部分组成的,分别是 background、contents 和 border。在给 CALayer 设置圆角时,刚刚提到只会给 background 和 border 设置圆角,而不会对 contents 设置圆角,但对于 layer 来说,在屏幕上显示的是其 contents,所以如果不设置 masksToBounds 为 YES 的话,并不能看到其真正圆角效果。

同样这也解释了我们一开始的 demo 中并没有触发离屏渲染的原因是由于我们只是设置了 UIView 的背景,并没有设置其 contents,因而没有触发离屏渲染。但在实际开发中,我们遇到的问题大多数还是对于 UIImageView 的圆角操作,例如 UITableViewCell 中一大堆的圆角头像等。在 UIImageView 中,设置 image 即可以显示在屏幕上,这是因为,UIImage 其实是对 CGImage 的封装,其显示还是根据 CGImage 的内容来决定,对于 imageView 的 layer 的 contents 来说,同样也是需要一个 CGImage 对象,因此我们在给 UIImageView 赋值 UIImage 对象时会将 UIImage 的 CGImage 赋给 imageView. layer . contents,这样 imageView 最终才显示出了图片。那如果此时我们对 imageView 设置 cornerRadius 和 masksToBounds 就发生了离屏渲染。

那么到底什么是离屏渲染呢?

当一个 layer 只做基本设置时,也就是不做触发离屏渲染的操作,是可以直接放入缓冲区中供 GPU 来渲染到屏幕上的。但当你设置圆角、遮罩和阴影后,layer 的帧绘制不能被直接放到 GPU 读取帧的那个缓冲区了,也就无法直接渲染到屏幕上,因此需要另外再创建一个新的缓冲区,并将需要绘制的图层在两个缓冲区中的上下文进行切换,然而这种切换是非常昂贵的,如果切换上下文不及时或者渲染操作过长就会导致离屏渲染的卡顿和性能问题。

而 GPU 直接读取帧渲染到屏幕上的缓冲区就是屏幕内渲染,在当前屏幕缓冲区之外所创建新的缓冲区就是离屏渲染。

是否还记得高中物理中电视机的原理,是通过电子枪一行一行发射电子到屏幕上形成的,每当电子枪另起一行时,会发出一个水平同步信号,当电子枪扫描到屏幕最后一个点时,表示一帧已经绘制结束,会发出一个垂直同步的信号,并再回到起点开始下一帧扫描。手机屏幕显示的原理也是类似的,当 GPU 从缓冲区中取出一帧渲染到屏幕结束后,会发出一个垂直同步信号,这时会去缓冲区取下一帧,如果没有取到,说明 GPU 渲染没有完成,于是放弃下一次渲染,此时屏幕停留在原来的显示位置不动,对用户来说就形成了卡顿效果。

上面提到,屏幕内渲染和离屏渲染会有两个缓冲区,这两个缓冲区都是由 GPU 来执行渲染操作的。但值得注意的是,还存在一种离屏渲染,是由 drawRect 方法引起的离屏渲染,这是由 CPU 来负责处理的。在 drawRect 方法中,一般使用 Core Graphics 来绘制一些图形和文字,那么系统在处理这部分时会交给 CPU 来负责计算和渲染,渲染结束再交付给 GPU 显示,注意 CPU 绘制的操作是同步的。

虽然 GPU 相对于 CPU 来说,更擅长处理界面渲染的这些操作,但是对于离屏渲染中切换上下文的操作是非常昂贵的,在上下文中需要冲破对传递管道和一些障碍的限制。鉴于此,我们可以考虑用 CPU 去执行一些操作来帮助 GPU 分担任务。那到底如何分担呢?对于比较简单的触发离屏渲染的界面,可以使用 Core Graphics 在 drawRect 中绘制,虽然都仍然是离屏渲染,但相对来说要比让 GPU 做上下文切换要好一些。如果界面稍显复杂,用 drawRect 来说或许仍然可以起到一点儿效果,但还可以通过设置光栅来进行优化。

对于光栅化来说,虽然是触发离屏渲染的条件之一,但是对于开发者来说,可以看作是对离屏渲染问题的一个优化措施,但光栅化使用是有一定的条件。不同于圆角、遮罩、阴影、边界反锯齿以及设置组不透明等触发离屏渲染的条件,光栅化是 CPU 对绘制内容的图层生成位图进行缓存一段很短的时间,如果在该时间内需要再次渲染该图层,可以直接通过该位图缓存来渲染,不需要再次计算和上下文的切换,但是这仅限于对于相同的图层,例如,UITableViewCell 中的一个相同的圆形 icon 就可以使用光栅化来进行优化,但假设是 UITableViewCell 复用中的变化着的头像,则使用光栅化并不能起到优化的左右,因为生成的位图缓存不仅没用上,还需要花时间去生成位图缓存,这样反而使性能更低了。

对于离屏渲染,一开始是苹果提出的一种 GPU 任务处理的方案,但是现在却逐渐成为一种性能杀手,作为开发者,不可忽视离屏渲染带来的问题,应对其进行合理的优化或者避免触发。那么如何去解决离屏渲染产生的性能问题呢?

上文说到,如果实在没有办法避免离屏渲染,可以采用:①drawRect 方法使 CPU 来分担 GPU 压力;②使用光栅来对图层进行短时间缓存。那如果需要避免离屏渲染的问题该如何处理?

在现在 iOS 开发中比较流行的解决办法是对图片进行重新绘制,将原图利用 CoreGraphics 来重新绘制一个带有圆角的新图片,这样便不用设置图层的圆角属性即可达到效果,这样一来确实解决了离屏渲染带来的性能问题,但随之而来又产生了一个新的问题,便是绘制是无法避免的,特别是对于 UITableViewCell 中的圆角实现,每次复用都需要重绘一次,这对 CPU 产生了不少的压力,如果涉及的圆角过多,则可能会产生更大的性能问题。对于该问题,有开发者认为可以对生成的重绘图进行缓存,但为此还需要写一套关于缓存的逻辑,并且如果缓存的新图片个数过多,则还会带来内存压力。因此可以采用在涉及圆角图片的 UIImageView 上再增加一个 UIImageView,该 UIImageView 是带有一个透明圆角中心的图片,覆盖在原有图片之上,起到一个手工遮罩的作用,当然在 iOS 8 之后,可以通过设置 UIView 的 maskView 属性来达到同样的效果。看起来虽然显得有些 low,但相对于离屏渲染和重绘带来的内存压力来说效果是显而易见的,并且不用考虑关于 UITableViewCell 复用的问题。

本节小结

(1) 了解 APP 离屏渲染的概念,触发条件以及对性能的影响;

(2) 与离屏渲染相对应的还有一个概念:屏幕内渲染,以及 CPU 与 GPU 在图形渲染上的机制,最后需要对比并应用几种离屏渲染的优化措施。

3.8 约束动画

在 AutoLayout 还没有被大规模使用的时候,界面布局还是采用 frame 的,所以如果需要对 UIView 做动画是很方便的事,因为 frame 是 animatable 的,用来做动画的话,只需要简单地直接扔到 UIView 的 animation 动画方法的 block 中就可以实现。

然而,为了更方便协调地布局界面,适配不同机型的屏幕尺寸,越来越多的界面使用了

AutoLayout 来布局,加上 Masonry 的出现,让开发者更方便地布局页面,但是界面的约束却不是 animatable 的,不能直接对约束像对 frame 那样执行动画。

```objc
// ViewController.m
#import "ViewController.h"
@interface ViewController()
@property(nonatomic, strong) UIView * redView;
@end

@implementation ViewController
- (void)viewDidLoad {
    [super viewDidLoad];
    self.redView = [[UIView alloc] initWithFrame:CGRectMake(100, 100, 100, 100)];
    self.redView.backgroundColor = [UIColor redColor];
    [self.view addSubview:self.redView];
}

- (void)touchesBegan:(NSSet<UITouch *> *)touches withEvent:(UIEvent *)event {
    [super touchesBegan:touches withEvent:event];
    [UIView animateWithDuration:0.25 animations:^{
        self.redView.frame = CGRectMake(150, 150, 50, 50);
    }];
}
@end
```

这是用 frame 做动画的示例代码,相信读者肯定对此很熟悉,便不再做过多解释。那用 AutoLayout 做动画是怎么样的呢?

```objc
// ViewController.m
#import "ViewController.h"
@interface ViewController()
@property(nonatomic, strong) UIView * redView;
@property(nonatomic, strong) NSLayoutConstraint * leftCons;
@property(nonatomic, strong) NSLayoutConstraint * topCons;
@property(nonatomic, strong) NSLayoutConstraint * widthCons;
@property(nonatomic, strong) NSLayoutConstraint * heightCons;
@end

@implementation ViewController
- (void)viewDidLoad {
    [super viewDidLoad];
    self.redView = [[UIView alloc] init];
    self.redView.backgroundColor = [UIColor redColor];
    [self.view addSubview:self.redView];

    self.redView.translatesAutoresizingMaskIntoConstraints = NO;
```

```
    self.leftCons = [NSLayoutConstraint constraintWithItem: self.redView attribute:
NSLayoutAttributeLeft  relatedBy: NSLayoutRelationEqual  toItem: self. view  attribute:
NSLayoutAttributeLeft multiplier:1 constant:100];
    self.topCons = [NSLayoutConstraint constraintWithItem: self.redView attribute:
NSLayoutAttributeTop  relatedBy: NSLayoutRelationEqual  toItem: self. view  attribute:
NSLayoutAttributeTop multiplier:1 constant:100];
    self.widthCons = [NSLayoutConstraint constraintWithItem: self.redView attribute:
NSLayoutAttributeWidth  relatedBy: NSLayoutRelationEqual  toItem:  nil  attribute:
NSLayoutAttributeNotAnAttribute multiplier:0 constant:100];
    self.heightCons = [NSLayoutConstraint constraintWithItem: self.redView attribute:
NSLayoutAttributeHeight  relatedBy: NSLayoutRelationEqual  toItem:  nil  attribute:
NSLayoutAttributeNotAnAttribute multiplier:0 constant:100];
    [NSLayoutConstraint activateConstraints: @[self.leftCons, self.topCons, self.
widthCons, self.heightCons]];
}

- (void)touchesBegan:(NSSet<UITouch *> *)touches withEvent:(UIEvent *)event {
    [super touchesBegan:touches withEvent:event];

    self.leftCons.constant = 150;
    self.topCons.constant = 150;
    self.widthCons.constant = 50;
    self.heightCons.constant = 50;
    [UIView animateWithDuration:0.25 animations:^{
        [self.redView.superview layoutIfNeeded];
    }];
}
@end
```

在上面的代码中，我们使用的 AutoLayout 并没有基于 Masonry 等第三方库，而是直接使用系统的 AutoLayout 方法。其实用系统的 API 效果是一样的，因为像 Masonry 这样的第三方库就是基于系统的 API 封装的，作为了解，可以看下如何使用系统的 AutoLayout 来进行布局，首先要将设置约束的 UIView 的属性 translatesAutoresizingMaskIntoConstraints 置为 NO，这个属性是将 UIView 的 autoresizing mask 转换为 constraints，默认为 YES，作用是在一般情况下，某个 view 的 superView 会根据这个 view 的 autoresizing mask 为其添加约束，使该 view 随着 superView 的变化而变化，这是在默认情况下，也就是我们没有对其设置约束，如果我们需要对其设置约束，则需要将 translatesAutoresizingMaskIntoConstraints 设置为 NO，表示该 view 的约束不需要 superView 来添加，而是由开发者来添加，因此在设置自定义约束时，需要将该属性设置为 NO。

接下来对 redView 设置约束比较好理解，虽然调用的方法名很长，但与 Masonry 的用法已经很相似了，由于后面要对约束进行修改，所以将 4 个约束都设置为 ViewController 的属性。在设置好约束后，运行后可以看到，redView 按照我们预想的一样展示出正确的 frame。接着在 touchBegan 方法中，直接拿到约束属性，修改其 constant 值，然后在 UIView

的 animation 的 block 中调用：

```
[self.redView.superview layoutIfNeeded];
```

到这里，已经介绍了一个 AutoLayout 下动画的示例，当然本节不会这么简单就结束，起码你肯定有些好奇，为什么这里是 superView 调用 layoutIfNeeded 就可以实现动画呢？这其中有何道理？这就要说到以下 4 个方法了。

```
- (void)setNeedsLayout;
- (void)layoutIfNeeded;
- (BOOL)updateConstraintsIfNeeded
- (void)setNeedsUpdateConstraints
```

这 4 个方法是 UIView 所拥有的，在处理约束更新和展示时用到，但是系统的注释对其并没有多少解释，官方文档的解释也有限，下面先简单介绍一下。

在 setNeedsLayout 的官方文档中说到，该方法在主线程中用于调整 view 的 subViews 的约束，但调用之后不会立即生效，需要等待下一次更新循环（update cycle），你可以使用该方法在这些更新后的约束起作用之前将更新前的约束失效。这可以将多个 layout 布局更新合并起来在同一个更新循环中处理，有利于提升性能。

关于 setNeedsUpdateConstraints，在官方文档中提到，当自定义 view 的某个属性改变会影响到其约束时，可以调用该方法表示约束需要在未来的某个时间点会被更新，系统会在之后的布局过程中自动调用 updateConstraints 方法。约束改变后重新布局过程中，如果有必要去重新计算约束，那么才会去更新约束。

layoutIfNeeded 的官方文档：使用该方法强制 subViews 布局在绘制前布局。该方法会以当前调用者 view 为根节点，subViews 为子节点组成树状结构，按照该结构依次向下布局。

updateConstraintsIfNeeded 的官方文档：无论何时当一个 view 的布局处理事件触发时，系统会调用该方法去确保当前 view 的所有约束和 subViews 都会根据当前视图层级和约束更新到最新。该方法一般情况下是被系统自动调用，另外，子类不应当重写该方法。

在 setNeedsLayout 与 layoutIfNeeded 方法中，还有一个与之对应的方法叫 layoutSubViews，setNeedsLayout 是当有约束改变时调用，当需要立即刷新视图布局以及加以动画效果时，使用 layoutIfNeeded，该方法会触发 layoutSubViews 方法，同时也会触发 updateConstraintsIfNeeded 方法，对相应的约束进行更新。

可是在实际开发过程中，很少去调用 setNeedsUpdateConstraints 和 setNeedsLayout 这两个方法，除非是在 debug 布局情况下。对于 setNeedsUpdateConstraints 来说，在需要使某个约束失效时，需要立即移除该约束，并立即调用 setNeedsUpdateConstraints 方法，但是一般该情况下只需要做约束更新就可以实现。

关于 UIView 的布局和绘制逻辑，可参考图 3-15。

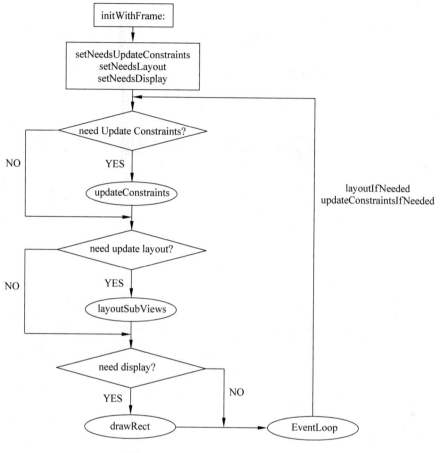

图 3-15 UIView 的布局和绘制逻辑

本节小结

（1）如果需要直接操作约束，那么需要调用 setNeedsLayout 方法；

（2）如果改变了约束的 constant 值或者优先级等，其并不会触发 updateConstraints 方法，除非调用 setNeedsUpdateConstraints，并且同样也要调用 setNeedsLayout 方法；

（3）如果希望立即生效，并产生一些动画效果，请使用 layoutIfNeeded 方法，因为 layoutIfNeeded 方法并不需要等到下一个布局更新循环。

在本节的示例代码中，通过调用 layoutIfNeeded 方法，使系统会比较约束之前与之后的信息，对视图进行重新布局。也就是说，在新约束加上之后，视图并没有更新至最新的 frame，依然是之前的，通过布局（layout），才使视图变化，并可以产生动画效果。

第 ❹ 章

线程安全——锁

线程安全是 iOS 开发中避免不了的话题，随着多线程的使用，对于资源的竞争以及数据的操作都可能存在风险，所以有必要在操作时保证线程安全。线程安全是多线程技术的保障，而 iOS 中实现线程安全主要是依靠各种锁，锁的种类有很多，有各自的优缺点，需要开发者在使用中权衡利弊，选择最合适的锁来搭配多线程技术。

本章内容：

- ■ NSLock
- ■ synchronized
- ■ pthread
- ■ 信号量
- ■ NSConditionLock 与 NSCondition
- ■ 自旋锁
- ■ 递归锁

随着项目越来越庞大且越来越复杂，对项目中事务的处理、多线程的使用也变得尤为必要。多线程利用了 CPU 多核的性质，能并行执行任务，提高效率，但是随之而来也会出现一些由于多线程使用而造成的问题。锁主要可以分为几种：互斥锁，递归锁，信号量，条件锁等。锁的功能就是为了防止不同的线程同时访问同一段代码。下面简单举个例子。

现在有一个对象 Person 类，其中有一个 NSUInteger（年龄大于等于 0，为无符整型）类型的属性 age。

```
// Person.h
# import <Foundation/Foundation.h>

@interface Person : NSObject

@property (nonatomic, assign) NSUInteger age;
```

@end

当然在未赋值的情况下，age 默认是 0。我们在外部模拟一种多线程访问该实例方法的情况。

```
- (void)withoutLock {

    __block Person * p = [Person new];

    [NSThread detachNewThreadWithBlock:^{
        for (int i = 0; i < 1000; i++) {
            p.age++;
        }
        NSLog(@"%zd \n", p.age);
    }];

    [NSThread detachNewThreadWithBlock:^{
        for (int i = 0; i < 1000; i++) {
            p.age++;
        }
        NSLog(@"%zd \n", p.age);
    }];
}
```

不要在意数值的大小，这里只是为了达到模拟的效果。可以看出，有两处代码，在不同的线程中调用了 p.age++，按理想情况来说，结果应该是 p 的 age 是 2000，但是分别打印两个线程代码执行完后的结果却并非如此（每次执行结果都基本不相同，所以只是以某次为例，并不是确定值）。

```
1170
1906
```

因为是不同的线程，所以不确定哪一个会先执行结束，所以分别打印了一次。可以看到，最大值是 1906，表示最后 p 的 age 是 1906，并没有到达 2000。相信有一定基础的读者都会明白其原因，因为在该处方法中没有加锁，导致不同线程竞争资源，当 A 线程和 B 线程同时拿到 age 时，例如此时 age 的值是 100，执行自增代码后，A 线程和 B 线程都将 101 赋给了 age，但总得有个先来后到，结果就是某一次被覆盖了，按理说两次 p.age++ 后结果应该是 102，但获取到的结果是 101，这就出现了误差，所以多次这样的误差就导致最后的结果值是比 2000 要小的。

所以这个时候，在多线程访问同一资源时要通过锁来保证同一时刻仅有一个线程对该资源的访问，这样就可以避免上述出现的问题。

iOS 系统提供了多种锁来解决这样的问题，下面分别介绍一下各种锁。（在下面的例子中我们设置一个统一的次数变量 totalCount，设置一个比较大的数值 100000。）

4.1 NSLock

NSLock 是一种最简单的锁,使用起来也比较简单方便,下面通过实际代码来看一下。

```objc
- (void)nslockTest {
    __block Person * p = [Person new];

    NSLock * lock = [[NSLock alloc] init];

    NSLog(@"begin");

    [NSThread detachNewThreadWithBlock:^{
        for (int i = 0; i < totalCount; i++) {
            [lock lock];
            p.age++;
            [lock unlock];
        }
        NSLog(@"%zd \n", p.age);
    }];

    [NSThread detachNewThreadWithBlock:^{
        for (int i = 0; i < totalCount; i++) {
            [lock lock];
            p.age++;
            [lock unlock];
        }
        NSLog(@"%zd \n", p.age);
    }];
}
```

NSLock 使用起来也比较简单,用创建的实例对象调用 lock 和 unlock 方法来加锁解锁。通过打印可以看到,结果是正确的,最后的 age 是 2000。

4.2 synchronized

这种锁是比较常用的,因为其使用方法是所有锁中最简单的,但性能却是最差的,所以对性能要求不太高的使用情景下 synchronized 不失为一种比较方便的锁。代码如下。

```objc
- (void)synchronizedTest {
    __block Person * p = [Person new];

    NSLog(@"begin");

    [NSThread detachNewThreadWithBlock:^{
        for (int i = 0; i < totalCount; i++) {
            @synchronized(p) {
```

```
                p.age++;
            }
        }
        NSLog(@"%zd \n", p.age);
    }];

    [NSThread detachNewThreadWithBlock:^{
        for (int i = 0; i < totalCount; i++) {
            @synchronized (p) {
                p.age++;
            }
        }
        NSLog(@"%zd \n", p.age);
    }];
}
```

可以看出不需要创建锁,一种类似于 Swift 中调用一个含有尾随闭包的函数,就能实现功能。

synchronized 内部实现是通过传入的对象,为其分配一个递归锁,存储在哈希表中。使用 synchronized 还需要有一些注意的地方,除了有性能方面的劣势,还有两个问题,一个是小括号里面需要传一个对象类型,基本数据类型不能作为参数,另一个是小括号内的这个对象参数不可为空,如果为 nil,就不能保证其锁的功能。我们创建另外一个值为 nil 的对象,传进去:

```
- (void)synchronizedTest {
    __block Person * p = [Person new];
    __block Person * p1 = nil;

    NSLog(@"begin");

    [NSThread detachNewThreadWithBlock:^{
        for (int i = 0; i < totalCount; i++) {
            @synchronized(p1) {
                p.age++;
            }
        }
        NSLog(@"%zd \n", p.age);
    }];

    [NSThread detachNewThreadWithBlock:^{
        for (int i = 0; i < totalCount; i++) {
            @synchronized(p1) {
                p.age++;
            }
        }
        NSLog(@"%zd \n", p.age);
    }];
}
```

打印结果如下。

```
begin
113750
124617
```

从打印结果可以看到,两次打印并没有一次能够达到两次循环次数的总和。也就是说明如果传值 nil 的话,就失去了 synchronized 提供的锁功能。

4.3　pthread

pthread 的全称是 POSIX thread,是一套跨平台的多线程 API,各个平台对其都有实现。pthread 是一套非常强大的多线程锁,可以创建互斥锁(普通锁)、递归锁、信号量、条件锁、读写锁、once 锁等,基本上所有涉及的锁,都可以用 pthread 来实现,下面分别对其进行举例。

4.3.1　互斥锁(普通锁)

```objc
- (void)ptheadNormalTest {
    __block Person * p = [Person new];

    NSLog(@"begin");

    __block pthread_mutex_t t;
    pthread_mutex_init(&t, NULL);

    [NSThread detachNewThreadWithBlock:^{
        for (int i = 0; i < totalCount; i++) {
            pthread_mutex_lock(&t);
            p.age++;
            pthread_mutex_unlock(&t);
        }
        NSLog(@"%zd \n", p.age);
    }];

    [NSThread detachNewThreadWithBlock:^{
        for (int i = 0; i < totalCount; i++) {
            pthread_mutex_lock(&t);
            p.age++;
            pthread_mutex_unlock(&t);
        }
        NSLog(@"%zd \n", p.age);
    }];
}
```

可以看到普通的互斥锁的创建和使用也是比较简单的,但是需要注意在合适的地方对其调用方法进行销毁。

```
pthread_mutex_destroy(&t);
```

注意:在本节关于锁的实例代码中,都将锁的创建放在了方法中,但在实际开发中,多线程都是直接调用方法的,所以也就应使用同一个锁对象。为了保证锁的正常使用,一般将其设置为方法所属对象的一个属性,才能在调用该对象的方法时保证其线程安全,而不是像例子中那样在方法中创建,示例代码仅为演示效果,希望读者能够理解。

4.3.2 递归锁

递归锁的创建方法跟普通锁是同一个方法,不过需要传递一个 attr 参数。

```objc
- (void)ptheadRecursiveTest {
    __block Person * p = [Person new];

    NSLog(@"begin");

    pthread_mutexattr_t attr;
    pthread_mutexattr_init(&attr);
    pthread_mutexattr_settype(&attr, PTHREAD_MUTEX_RECURSIVE);

    pthread_mutex_t mutex;
    pthread_mutex_init(&mutex, &attr); // 创建锁
    pthread_mutexattr_destroy(&attr);
    __block pthread_mutex_t t = mutex;

    [NSThread detachNewThreadWithBlock:^{
        for (int i = 0; i < totalCount; i++) {
            pthread_mutex_lock(&t);
            p.age++;
            pthread_mutex_unlock(&t);
        }
        NSLog(@"%zd \n", p.age);
    }];

    [NSThread detachNewThreadWithBlock:^{
        for (int i = 0; i < totalCount; i++) {
            pthread_mutex_lock(&t);
            p.age++;
            pthread_mutex_unlock(&t);
        }
        NSLog(@"%zd \n", p.age);
    }];
}
```

关于普通锁和递归锁的区别，后面再做陈述，这里先简单介绍锁的用法。

同样，关于 pthread 递归锁需要注意的是，首先对其属性需要在创建完递归锁之后释放：

```
pthread_mutexattr_destroy(&attr);
```

另外，同样也要注意在该锁所对应的对象释放的时候也要对该锁调用释放方法。

```
pthread_mutex_destroy(&t);
```

4.3.3 pthread 信号量

pthread 的信号量不同于 GCD 自带的信号量，如前面所说，pthread 是跨平台多线程处理的 API，对信号量处理也提供了相应的使用。其大概原理和使用方法与 GCD 提供的信号量机制类似，使用起来也比较方便。关于 GCD 的信号量在下面会单独讲到，这里是 pthread 信号量的使用代码。

```
- (void)pthreadCondTest {
    __block Person * p = [Person new];
    __block pthread_mutex_t t = PTHREAD_MUTEX_INITIALIZER;
    __block pthread_cond_t cond = PTHREAD_COND_INITIALIZER;

    NSLog(@"begin");

    [NSThread detachNewThreadWithBlock:^{
        for (int i = 0; i < totalCount; i++) {
            pthread_mutex_lock(&t);
            pthread_cond_wait(&cond, &t);
            p.age++;
            pthread_mutex_unlock(&t);
        }
        NSLog(@"%zd \n", p.age);
    }];

    [NSThread detachNewThreadWithBlock:^{
        for (int i = 0; i < totalCount; i++) {
            pthread_mutex_lock(&t);
            p.age++;
            pthread_cond_signal(&cond);
            pthread_mutex_unlock(&t);
        }
        NSLog(@"%zd \n", p.age);
    }];
}
```

通过使用方法可以看到，pthread_cond_t 是需要搭配 pthread 普通锁共同使用的，是通过 pthread_cond_wait 和 pthread_cond_signal 来实现信号量的生产和消费。但与 GCD 的信号量略有不同,首先 pthread_cond_t 需要搭配 pthread 普通锁一起使用,其次 pthread_cond_t 不能设置信号量的个数,纯粹是一个信号量锁。

pthread_cond_t 也可以称为 pthread 状态锁,如果是第一个线程先获得调度,在第一个线程内调用 pthread_mutex_lock(&t)之后,需要等一个信号量才能继续执行,此时内部会将其 unlock,然后等第二个线程调度,当第二个线程完成后释放了一个信号并解锁后,线程 1 重新得到调度,此时在 pthread_cond_wait 内部重新上锁,然后继续执行线程 1 的代码。当消耗了这个信号量,下次线程 1 再获得调度时仍然会阻塞,然后周而复始。

如果读者执行上面这段代码,可以发现,控制台并没有打印两次 p. age,综合刚刚的解释,可以明白,控制台打印的是线程 2 的 NSLog,然后线程 1 消耗了信号量之后并没有其他信号量可以使用,所以一直处于阻塞状态。虽然在此例中并没有完全执行 p. age 到 200 000,但这种状态锁是一种自定义的任务调度方式,可以将指定的事务交给指定的线程来处理。

可以看出,pthread 使用信号量来实现线程安全也是比较方便的,通过一个宏来初始化 pthread_mutex_t,在涉及锁功能时,pthread_cond_t 需要注意与锁的使用搭配。

```
pthread_mutex_lock(&t);
pthread_cond_wait(&cond, &t);
// CODE
pthread_mutex_unlock(&t);
```

在调用 pthread_cond_wait 之前需要先上锁,因为在没有信号量可以消费的时候 pthread_cond_wait 会解锁,并在获得新的信号量时再次对其加锁。

```
pthread_mutex_lock(&t);
// CODE
pthread_cond_signal(&cond);
pthread_mutex_unlock(&t);
```

这段代码需要在执行完代码后先释放信号量,再对其解锁,这样线程 1 才能获取到锁,并且 pthread_cond_wait 才能对其重新上锁往下执行。如果是先释放锁,可能线程 1 获取到锁仍然不能执行,等再释放信号,线程 1 又得重新获取一遍,更有甚者,此时锁可能又被线程 2 抢去了。

4.3.4 读写锁

读写锁是一种特殊的自旋锁,将对资源的访问者分为读者和写者,顾名思义,读者对资源只进行读访问,而写者对资源只有写访问。相对于自旋锁来说,这种锁能提高并发性。在多核处理器操作系统中,允许多个读者访问同一资源,却只能有一个写者执行写操作,并且读写操作不能同时执行。

接下来使用 pthread 的读写锁来接着写我们的例子。

```
- (void)readWriteLockTest {
    __block Person * p = [Person new];
```

```
__block pthread_rwlock_t rwl = PTHREAD_RWLOCK_INITIALIZER;

NSLog(@"begin");

[NSThread detachNewThreadWithBlock:^{
    for (int i = 0; i < totalCount; i++) {
        pthread_rwlock_rdlock(&rwl);
        p.age++;
        pthread_rwlock_unlock(&rwl);
    }
    NSLog(@" % zd \n", p.age);
}];

[NSThread detachNewThreadWithBlock:^{
    for (int i = 0; i < totalCount; i++) {
        pthread_rwlock_wrlock(&rwl);
        p.age++;
        pthread_rwlock_unlock(&rwl);
    }
    NSLog(@" % zd \n", p.age);
}];
}
```

pthread 的读写锁的初始化方法也是通过一个宏返回的，这是 pthread 为我们提供好的静态初始化宏。读写锁在具体使用的时候有三个方法，一个是给读操作上锁 pthread_rwlock_rdlock，一个是给写操作上锁 pthread_rwlock_wrlock，两个方法参数都是传一个读写锁的指针；最后一个方法是给读操作和写操作解锁 pthread_rwlock_unlock，参数也是读写锁的指针。

这里很有意思，虽然通过打印，发现也实现了我们所要的功能，但是使用情景却是不对的，可以说是误打误撞的使用范例。原因是这样的，刚刚上面提到，读写锁是不能共存的，而且读操作是可以多个同时存在并执行的，但是写操作却只能存在一个，并且读与写也不能同时存在，读操作和其他的写操作会在当前写操作执行时，所以导致了上面的在"错误"的逻辑下却产生了"正确"的结果，因为读和写是互斥的，所以实现了锁的功能。然而这并不是正确的使用场景，正确的场景还是应该用在例如读写文件中，在上读锁跟解锁之间执行读操作，在上写锁跟解锁之间执行写操作。

所以读写锁保障了读写的安全性和有效性，并且更多的是读操作，由于这种逻辑处理，导致读写锁性能比普通锁要稍微低一点儿，但也算有比较方便的实用性。

4.4　信号量

在 iOS 开发中，信号量就是通过 GCD 来实现的，而 GCD 是对 C 语言的一个封装，不同的开发语言中对于信号量 semaphore 都有自己的实现，所以本节不仅是代表了 pthread，也是信号量的使用，更是跨线程访问的一个主要的知识点。

信号量的使用其实很简单，与其他开发语言中使用的信号量类似，通过对信号的等待和释放来使用,信号量属于生产者消费者模式,这种模式可以用在多个使用场景中,下面只是比较常见的一种。

```
- (void)semaphoreTest {
    dispatch_semaphore_t semaphore = dispatch_semaphore_create(1);

    __block Person * p = [Person new];
    NSLog(@"begin");

    [NSThread detachNewThreadWithBlock:^{
        for (int i = 0; i < totalCount; i++) {
            dispatch_semaphore_wait(semaphore, DISPATCH_TIME_FOREVER);
            p.age++;
            dispatch_semaphore_signal(semaphore);
        }
        NSLog(@"%zd \n", p.age);
    }];

    [NSThread detachNewThreadWithBlock:^{
        for (int i = 0; i < totalCount; i++) {
            dispatch_semaphore_wait(semaphore, DISPATCH_TIME_FOREVER);
            p.age++;
            dispatch_semaphore_signal(semaphore);
        }
        NSLog(@"%zd \n", p.age);
    }];
}
```

每次在访问 p.age 之前,都会等待一个信号量,才能实现对 age 的访问,在创建方法中,需要传一个 value 的 long 类型的值,表示总共已经有了多少个信号可以使用。

举个简单的例子,办理银行业务时,银行可以设置多个窗口,这个窗口数就是信号量创建的这个 value 值。假设银行总共有 5 个窗口,相当于总共有 5 个资源,每有一个客户去窗口办理业务的时候,相当于消费了这个资源,当 5 个窗口都有客户办理业务的时候,也就是没有剩下的可用资源,那么这时候如果还有人要办理业务就得等某个窗口空出来,窗口空出来相当于释放了一个资源,这样才能接着被下一个客户使用。这就是生产者消费者理论,生产者消费者理论在多线程事件调度方面可以起到很强大的作用。如果分配的资源只有一个的时候,那么就是本节中的例子。还是刚刚举的例子,客户在同一个窗口无论如何存钱取钱都不会导致钱的数目出现差错。

所以说,当资源充足时,当代码执行到 dispatch_semaphore_wait(semaphore, DISPATCH_TIME_FOREVER)时,不用等待,而直接消耗一个资源,只有在当前没有可用的资源时,才会等待 spatch_semaphore_signal(semaphore)来释放一个可用的资源。这其中的逻辑并不复杂,就是事务竞争资源。

后面还有一个时间参数,这个比较简单,在消费者等待一个可用的资源时是有时间限制的,超过该时间就不去等待资源而直接执行下面的代码。这在此处或许有些不合逻辑,因为假设时间很小,在没有获取到信号量资源的时候就去执行代码,可能会造成非线性安全的事故,但这是系统安全的,也就是并不会造成应用崩溃。在本节关于锁的内容中,将时间设置为 DISPATCH_TIME_FOREVER,表示将一直会等下去,这就确保了线程的安全。

4.5 NSConditionLock 与 NSCondition

4.5.1 NSConditionLock

状态锁是一种比较常用的锁,在多线程操作中,用户可以指定某线程去执行操作,只需要设定对应的状态即可。

```
- (void)conditionLockTest {
    NSConditionLock * lock = [[NSConditionLock alloc] init];
    __block Person * p = [Person new];

    NSInteger thread1 = 1;
    NSInteger thread2 = 0;

    [NSThread detachNewThreadWithBlock:^{
        for (int i = 0; i < totalCount; i++) {
            [lock lockWhenCondition:thread1];
            p.age++;
            [lock unlockWithCondition:thread2];
        }
        NSLog(@"% zd \n", p.age);
    }];

    [NSThread detachNewThreadWithBlock:^{
        for (int i = 0; i < totalCount; i++) {
            [lock lockWhenCondition:thread2];
            p.age++;
            [lock unlockWithCondition:thread1];
        }
        NSLog(@"% zd \n", p.age);
    }];
}
```

NSConditionLock 主要有两个方法,一个是-lockWhenCondition:,一个是-unlockWithCondition:。用法很简单,表示只有在某种状态下才能上锁,操作完成后解锁并将状态更改,供下次符合条件的线程上锁。举个简单的例子,有一个男女公用的厕所,一次只能有一个人使用,厕所门上有一个标示牌,当牌子上是♂的时候,表示这个厕所现在只能男生使用,即使是女生排在第一位(CPU 系统调度,但状态不符合),所以得一直找到男生,才能使用。当男生使用完,可以将厕所的标示牌随意更改为♂或者♀,接下来同上。这就是NSConditionLock 的作用,在例子中,两个线程在操作完成后将状态值更改为其他值,所以两个线程能够轮流执行,通过打印结果也可以看出来,二者只相差 1。

4.5.2 NSCondition

这里介绍一下与 NSConditionLock 类似的 NSCondition，看起来两个差不多，虽然只相差一个 Lock，但足以表示它们的主要用法不同。NSConditionLock 在刚刚已经介绍过，NSCondition 更类似于信号量的使用。虽然 NSConditionLock 与 NSCondition 在用法上略有不同，但为了达到与 NSConditionLock 相同的用法，这里展示与 NSConditionLock 做相同的事。

在展示 NSCondition 代码之前，我们先看一下 Apple 的官方文档中，对于 NSCondition 提供的一段伪代码。

```
lock the condition
while (!(boolean_predicate)) {
    wait on condition
}
do protected work
(optionally, signal or broadcast the condition again or change a predicate value)
unlock the condition
```

通过伪代码可以看出，在使用 NSCondition 时，先将其上锁，当其不满足条件时，使其处于 wait 状态，紧接着写上一些需要做线程安全的代码，然后释放信号量，或者广播一个状态，足以 break 刚才的 while 循环，最后将其解锁。都是根据条件来上锁解锁，为了达到和 NSConditionLock 相同的效果，下面是展示代码。

```objc
- (void)conditionTest {
    NSCondition * lock = [[NSCondition alloc] init];
    __block Person * p = [Person new];

    [NSThread detachNewThreadWithBlock:^{
        for (int i = 0; i < totalCount; i++) {
            [lock lock];
            while (p.age % 2 == 0) {
                [lock wait];
            }
            p.age++;
            [lock signal];
            [lock unlock];
        }
        NSLog(@" % zd \n", p.age);
    }];

    [NSThread detachNewThreadWithBlock:^{
        for (int i = 0; i < totalCount; i++) {
            [lock lock];
            while (p.age % 2 == 1) {
                [lock wait];
            }
```

```
            p.age++;
            [lock signal];
            [lock unlock];
        }
        NSLog(@"%zd\n", p.age);
    }];
}
```

当 p.age 是单数时,线程 1 将处于 wait 状态,并且由线程 2 执行,反之当 p.age 是偶数时,线程 2 处于 wait 状态,由线程 1 执行,达到了与 NSConditionLock 例子中两个线程轮流执行的效果。通过打印,也是可以得出该结论的。

4.6 自旋锁

自旋锁在 iOS 系统中的实现是 OSSpinLock。自旋锁通过一直处于 while 盲等状态,来实现只有一个线程访问数据。由于一直处于 while 循环,所以对 CPU 的占用也是比较高的,用 CPU 的消耗换来的好处就是自旋锁的性能很高。

然而现在不建议使用自旋锁,因为自旋锁在 iOS 中有 bug,这个稍后将讲到,下面先介绍一下 OSSpinLock 的用法,虽然现在基本上不使用它。

```
#import <libkern/OSAtomic.h>
- (void)OSSpinLockTest {
    __block OSSpinLock spinLock = OS_SPINLOCK_INIT;
    __block Person *p = [Person new];

    [NSThread detachNewThreadWithBlock:^{
        for (int i = 0; i < totalCount; i++) {
            OSSpinLockLock(&spinLock);
            p.age++;
            OSSpinLockUnlock(&spinLock);
        }
        NSLog(@"%zd\n", p.age);
    }];

    [NSThread detachNewThreadWithBlock:^{
        for (int i = 0; i < totalCount; i++) {
            OSSpinLockLock(&spinLock);
            p.age++;
            OSSpinLockUnlock(&spinLock);
        }
        NSLog(@"%zd\n", p.age);
    }];
}
```

可以看到自旋锁的使用也是很简便的,首先需要 #import <libkern/OSAtomic.h>,因为关于自旋锁的 API 是在这个文件中声明的。创建自旋锁也是通过一个静态宏,在线程内通过 OSSpinLockLock 和 OSSpinLockUnlock 来上锁、解锁。如果不是因为现在的 OSSpinLock 出现了使用 bug，在性能以及使用方面来说，都是很好的使用锁的选择。下面来详细说下自旋锁。

刚刚说到，自旋锁的原理就是通过 while 循环来占用 CPU，实际上，当 A 线程获取到锁时，CPU 会处于 while 死循环，而这个死循环并不是 A 线程造成的，当 A 获取到锁，并且 B 线程也要申请锁时，就会一直 while 循环询问 A 线程是否释放了该锁，所以导致了 CPU 死循环，因此是 B 线程导致的，这正是"自旋"的由来。正是因为这种一直等待询问，并不类似于互斥锁，互斥锁在申请锁时处于线程睡眠状态，所以才使自旋锁的性能要高。举个生活中的例子：煮饭吃，你的电饭锅（A 线程）正在煮饭（资源），而你本人（B 线程）想吃饭，你有两种方式，第一种，一直在电饭锅前面等着，看着饭好了没；第二种，去睡觉，每 15 分钟过来看一下饭好了没。很显然，按照第一种方式肯定是会先吃上饭的（这个例子弱化了锁的概念，只是按照锁的逻辑，同一时间只做同一件事，要么电饭锅煮饭，要么你在吃饭）。在竞争资源时会第一时间能申请到锁，这就是自旋锁性能最好的原因。

为何自旋锁现在出现 bug 呢？在最近的 iOS 操作系统中，实现的自旋锁与自身维护线程的调度算法有冲突，是导致 bug 的原因。在 iOS 维护的线程中，有一套调度算法，会使高优先级的线程优先执行。所以当低优先级的线程获取到了自旋锁，高优先级的线程想要申请该锁，就会使高优先级线程处于 while 一直循环申请的状态，与低优先级的线程处理抢夺 CPU 处理时间，导致高优先级不能申请成功，造成死锁的状态，并且两者都不能释放。目前针对这种情况也是有处理方法的，但就会使自旋锁的使用稍显麻烦，这里不做阐述。

由于自旋锁出现了这个问题，导致在目前的开发中，很少有开发者会选择 OSSpinLock 来实现锁的功能，即使 OSSpinLock 的性能在各种所有锁的性能中是最好的，所以需要慎用。

4.7 递归锁

前面简单提及递归锁的概念，说到递归，在很多代码以及算法中某函数内部会调用自身，通过这种形式，将比较复杂的问题分解为稍容易一些的问题，再通过相同的方法来继续处理，同理一层一层分解，然后将每个返回值返回至上一层，层层返回达到最终结果。一些比较经典的关于递归的例子就是斐波那契函数、二叉树遍历等。

上面简单介绍了一下递归的概念，为下面介绍递归锁做个铺垫。其实递归锁跟递归并没有太大的关系，只是有相似的使用模型，在以上介绍锁的代码中，一个锁只是请求一份资源，而在一些开发实际中，往往需要在代码中嵌套锁的使用，也就是在同一个线程中，一个锁还没有解锁就再次加锁，这在代码编译器中不会报错以及警告，但是运行期会直接出现问题，并且不执行锁中代码。

```
// 这是错误代码!
- (void)wrongRecursiveTest {
    NSLock * lock = [[NSLock alloc] init];
    __block Person * p = [Person new];

    NSLog(@"begin");
```

```
[NSThread detachNewThreadWithBlock:^{
    for (int i = 0; i < totalCount; i++) {
        [lock lock];
        [lock lock];
        p.age++;
        [lock unlock];
        [lock unlock];
    }
    NSLog(@"%zd\n", p.age);
}];

[NSThread detachNewThreadWithBlock:^{
    for (int i = 0; i < totalCount; i++) {
        [lock lock];
        [lock lock];
        p.age++;
        [lock unlock];
        [lock unlock];
    }
    NSLog(@"%zd\n", p.age);
}];
}
```

这是最基本的锁 NSLock，我们依次举例，来表示在同一线程中多次上锁，类似于递归中在一组加锁解锁中再次加锁解锁。从代码中可以看到，连续调用了两次加锁、解锁，这只是为了达到演示目的，实际开发中这两次加锁中间可能会有其他代码，是手误也好，是业务需求使然也罢，在运行之后可以看到，并没有打印 p.age 的两次结果，取而代之的是一段错误 log：

```
*** -[NSLock lock]: deadlock (< NSLock: 0x6180000d1c60 > '(null)')
*** Break on _NSLockError() to debug.
```

可以通过控制台打印得到信息，我们在同一线程重复上锁时，会造成死锁，系统在 debug 模式下会自动 break 这段代码。这并不是我们想要的，因为已经影响了正常的代码执行，如果在业务中出现就会造成不可知的后果。以下是正确的递归锁使用代码。

```
- (void)recursiveTest {
    NSRecursiveLock * lock = [[NSRecursiveLock alloc] init];
    __block Person * p = [Person new];

    NSLog(@"begin");

    [NSThread detachNewThreadWithBlock:^{
        for (int i = 0; i < totalCount; i++) {
            [lock lock];
```

```
            [lock lock];
            p.age++;
            [lock unlock];
            [lock unlock];
        }
        NSLog(@"%zd \n", p.age);
    }];

    [NSThread detachNewThreadWithBlock:^{
        for (int i = 0; i < totalCount; i++) {
            [lock lock];
            [lock lock];
            p.age++;
            [lock unlock];
            [lock unlock];
        }
        NSLog(@"%zd \n", p.age);
    }];
}
```

　　当我们将 NSLock 换成了 NSRecursiveLock，在这种递归锁下运行，可以看到代码是如期正常执行的。虽然代码执行成功了，读者可能仍然会有些困惑，还是不能明白为何递归锁会这么写，感觉在实际开发中并没有什么可以借鉴的使用场景。下面对递归锁再次举个例子。

```
NSRecursiveLock * theLock = [[NSRecursiveLock alloc] init];
void MyRecursiveFunction(int value) {
    [theLock lock];
    if (value != 0) {
        -- value;
        MyRecursiveFunction(value);
    }
    [theLock unlock];
}
MyRecursiveFunction(5);
```

　　在这样的代码中或许读者能明白关于递归锁的实际使用场景，递归锁的使用在实际开发中也是常有的，所以需要谨慎。

小结

　　在本章介绍的这些锁中，可以应用于实际开发中的绝大部分使用场景，每种功能可以根据需求使用不同的锁来实现，而同一种锁根据其特性能发挥出不同的使用效果。这里重点提及一下 pthread，pthread 是一套跨平台的多线程 API，其内部提供了丰富的 API 可以使用，而且 NSLock 以及 NSConditionLock 等都是基于 pthread 的实现，所以将其并列出来讲解仅仅是为了阐述其锁的功能。关于 pthread 也只是介绍了其关于锁的一部分,可见其多么强大。而对于各个锁的优缺点在每小点中也有阐述,包括自旋锁的不安全性等,开发者应该对其有一定的了解。

　　在 APP 开发日益复杂庞大的今天,多线程的使用能有效提高应用的事务处理能力,开发者在享受多线程带来的便利的同时,也要注意多线程衍生出的线程安全问题。

第 5 章

排序算法

APP 开发是对计算机语言的应用,当然也需要涉及对算法的使用。虽然作为 iOS 开发,似乎接触更多的是对界面和数据的处理,但对于开发第三方库以及底层框架,会有很多场景需要采用适当的算法,例如,APP 的缓存策略,需要有一些算法来保证缓存的重用或销毁,诸如此类等。不管是什么开发语言,对算法的掌握是非常有必要的,不仅是在面试中经常会考算法,在实际应用中,算法的使用能更高效地处理数据。同时算法的思想也能更好地帮助我们理解计算机语言。

本章内容:
- 冒泡排序
- 选择排序
- 插入排序
- 快速排序
- 希尔排序
- 归并排序
- 堆排序
- 基数排序

排序算法是算法中一个比较常见的知识点,主要功能是对一个乱序数组进行排序,为了达到更少的计算量,对一些排序方法进行了命名,其中比较出名的 8 大排序算法是:冒泡排序,选择排序,希尔排序,快速排序,归并排序,堆排序,基数排序。

如果不涉及架构方面,以及多重计算优化的话,算法其实并不常用,当然在很多比较大的公司的面试题中,算法是一个比较重要的考察方面,并且考察的算法主要就是排序算法和二叉树。而在面试排序算法中,主要考察的排序并不是全部的 8 大算法,主要分为三个层次:①手写冒泡排序;②了解冒泡、选择、快速排序,并以伪代码形式写出;③除了前面两个层次,需要对剩下的排序算法有了解,并可以简单说出原理。这是面试题中关于考算法的三个等级,一般的公司不强求算法的话都只要求掌握第一个就行了,而大一些的公司,例如

BAT,需要掌握到第二个层次,而第三个层次基本上没有公司会考到,当然不排除有些主攻算法的面试官会问到,所以这里对所有的排序算法进行分析讲解,希望读者们在以后的面试算法中能够轻松应付。

由于 Objective-C 的数组和字典不能存储值类型、结构体,也就是包括 int、NSInteger、BOOL、CGRect 类型都不能直接存储,需要转换成 NSNumber 或者 NSValue 来存储。所以为了展示排序算法,我们采用 Swift 语言来实现,首先 Swift 相比于 Objective-C 来说不区分可变和不可变数组,另外,Swift 的数组和字典属于值类型,并且可以存储基本数据类型,甚至是 nil 也可以。

5.1 冒泡排序

这是 8 大排序算法中最简单的排序,这里也不做详细介绍,代码如下。

```swift
func BubbleSort(arr: inout [Int]) -> [Int] {
    for i in 0..<arr.count {
        for j in i+1..<arr.count {
            if arr[i] > arr[j] {
                let tmp = arr[i]
                arr[i] = arr[j]
                arr[j] = tmp
            }
        }
        print(arr)
    }
    return arr
}

var arr = [2, 1, 5, 9, 4, 0, 6, 3, 8, 7]
print(BubbleSort(arr: &arr))
```

这里需要直接对传递进来的数组进行修改,所以函数在参数上要设置添加 inout 标识符表示这个数组可以与在函数内保持同一份,因为数组是值类型。虽然是简单的冒泡排序,我们也来分析一下,首先第一层循环从头到尾,每次将数组的每一位,通过第二次循环依次与之后的每一位进行比较,如果比后面某一个数大的话就与其交换。我们根据代码来进一步分析,首先外传循环第一次,进入内循环,i 是 0,j 是 1 到 arr.count-1,第一次内循环将 arr[0] 与 arr[1] 比较,也就是 2 与 1 比较,因为 2 是比 1 大的,所以交换,但是注意,内循环第二次的时候,是 arr[0] 与 arr[2] 比较,这时的 arr[0] 已经是 1 了,同理,从 arr[2] 开始到最后,遇到数字 0 时会与 1 再交换一次,所以第一次内循环一遍结束后数组的情况是:

```
[0, 2, 5, 9, 4, 1, 6, 3, 8, 7]
```

然后外循环第二次,将 2 与后面的数字进行比较,最后发现 1 比 2 小,进行交换,并且之后没有比数字 1 更小的了,所以第二次循环结束后数组情况是:

```
[0, 1, 5, 9, 4, 2, 6, 3, 8, 7]
```

同理接下来的每次如下：

```
[0, 1, 2, 9, 5, 4, 6, 3, 8, 7]
[0, 1, 2, 3, 9, 5, 6, 4, 8, 7]
[0, 1, 2, 3, 4, 9, 6, 5, 8, 7]
[0, 1, 2, 3, 4, 5, 9, 6, 8, 7]
[0, 1, 2, 3, 4, 5, 6, 9, 8, 7]
[0, 1, 2, 3, 4, 5, 6, 7, 9, 8]
[0, 1, 2, 3, 4, 5, 6, 7, 8, 9]
[0, 1, 2, 3, 4, 5, 6, 7, 8, 9]
```

综合起来可以发现，每次都是将数组中剩下数字的最小值找出来，类似于冒泡泡一样，最终得到排好序的有序数组。当然也可以改变代码的实现逻辑，每次循环将数组剩下数字的最大值找出来放在数组的后面，这也是可以的。

冒泡排序的时间复杂度是 $O(n^2)$。

5.2 选择排序

选择排序与冒泡排序有些类似，但比冒泡要更好一些，代码如下。

```
func selectSort(arr: inout [Int]) -> [Int] {
    for i in 0..< arr.count {
        var minIndex = i
        for j in i + 1..< arr.count {
            if arr[minIndex] > arr[j] {
                minIndex = j
            }
        }
        if i != minIndex {
            let tmp = arr[i]
            arr[i] = arr[minIndex]
            arr[minIndex] = tmp
        }

        print(arr)
    }
    return arr
}

var arr = [2, 1, 5, 9, 4, 0, 6, 3, 8, 7]
print(selectSort(arr: &arr))
```

打印结果：

```
[0, 1, 5, 9, 4, 2, 6, 3, 8, 7]
```

```
[0, 1, 5, 9, 4, 2, 6, 3, 8, 7]
[0, 1, 2, 9, 4, 5, 6, 3, 8, 7]
[0, 1, 2, 3, 4, 5, 6, 9, 8, 7]
[0, 1, 2, 3, 4, 5, 6, 9, 8, 7]
[0, 1, 2, 3, 4, 5, 6, 9, 8, 7]
[0, 1, 2, 3, 4, 5, 6, 9, 8, 7]
[0, 1, 2, 3, 4, 5, 6, 7, 8, 9]
[0, 1, 2, 3, 4, 5, 6, 7, 8, 9]
[0, 1, 2, 3, 4, 5, 6, 7, 8, 9]
```

通过打印结果可以看出,选择排序也是在外层循环每次结束将数组剩下数字的最小值找出来,放在已排好序的末尾,结果是一样的,但是在实现逻辑上,选择排序会更好一些,因为在选择排序中,都是通过记录最小值的 index 来获取最小值的位置,最后才进行交换,少做了无用功。

但是时间复杂度仍然是 $O(n^2)$。

5.3　插入排序

插入排序是比较直观的排序算法,将数组从头至尾依次通过交换向前排至正确的位置。

```swift
func insertSort(arr: inout [Int]) -> [Int] {
    for i in 1..< arr.count {
        let temp = arr[i]
        var j = i
        while j > 0, temp < arr[j - 1] {
            arr[j] = arr[j - 1]
            j -= 1
        }
        arr[j] = temp
        print(arr)
    }
    return arr
}

var arr = [2, 1, 5, 9, 4, 0, 6, 3, 8, 7]
print(insertSort(arr: &arr))
```

打印结果:

```
[1, 2, 5, 9, 4, 0, 6, 3, 8, 7]
[1, 2, 5, 9, 4, 0, 6, 3, 8, 7]
[1, 2, 5, 9, 4, 0, 6, 3, 8, 7]
[1, 2, 4, 5, 9, 0, 6, 3, 8, 7]
[0, 1, 2, 4, 5, 9, 6, 3, 8, 7]
[0, 1, 2, 4, 5, 6, 9, 3, 8, 7]
[0, 1, 2, 3, 4, 5, 6, 9, 8, 7]
```

```
[0, 1, 2, 3, 4, 5, 6, 8, 9, 7]
[0, 1, 2, 3, 4, 5, 6, 7, 8, 9]
```

之所以插入排序是一种比较直观的排序方法,是因为插入排序用语言来描述的话是非常简单的,在无序数组中,从第 1 位开始(前面有第 0 位),与前面的已排好序的数中从后往前比较,直到插入在这个数所在顺序的位置中,以此类推。

在如上代码中,for 循环从 1 开始,利用 temp 存储 arr[1] 的值,然后与 arr[1] 之前的数进行比较,也就是 arr[0],由于 arr[0] 比 arr[1] 大,则将 arr[0] 的值赋给 arr[1],由于 arr[1] 就一位,所以 while 结束,此时将 temp 存储的数赋给 arr[0],达到移动值的目的,此时数组已成为:

```
[1, 2, 5, 9, 4, 0, 6, 3, 8, 7]
```

第二轮循环开始,从 arr[2] 开始,将 temp 赋值为 arr[2],也就是 5,拿 5 与前面的依次比较,直到找到比 5 大的数,由于 5 比 1 和 2 都大,找到最左边都没有,所以将存储的 temp 仍然返回给 arr[j],即 arr[2]。

直到数字 6 的时候,temp 为 6,此时数组已经为:

```
[0, 1, 2, 4, 5, 9, 6, 3, 8, 7]
```

将 0 与前一位比较,没有 9 大,则将 6 的位置赋值为 9,此时数组为:

```
[0, 1, 2, 4, 5, 9, 9, 3, 8, 7]
```

再与前面比较,比 5 大,则 break while 循环,同时将记录的 j 的位置替换为原来的 temp,所以此次循环结束的数组为:

```
[0, 1, 2, 4, 5, 6, 9, 3, 8, 7]
```

之后以此类推,完成整个排序算法。虽然上面用了很浅显的文字描述了插入排序的过程,但是插入排序确实是逻辑上很清晰的排序算法。举个例子,10 个人按身高排队,先找第一个人出来站好,再找第二个人来与第一个比较身高,高则站后面,矮则站前面,同理,后面再有人来排队的话,只要与站在后面最高的人依次向前比较,就能找到正确的位置。

插入排序相当于冒泡排序和选择排序来说,是一种值移动的方法,而冒泡和选择排序是产生中间变量用于交换,所以在数组个数不大的情况下插入排序是要优于冒泡和选择排序的。由于仍然是需要两轮循环,所以插入排序的时间复杂度仍然是 $O(n^2)$。

5.4 快速排序

快速排序又叫二分排序、二分插入排序、折半排序,相比于前几种排序算法,是一种真正体现出算法优越性的排序。快速排序有些是在插入排序的基础上,使用二分查找的方式,将一个 list 划分为两个 list 来执行,所以在时间复杂度上有很明显的优势。代码如下。

```swift
func partition(arr: inout [Int], left: Int, right: Int) -> Int {
    var left = left
    var right = right
    let pivot = arr[left]

    while left < right {
        while left < right, arr[right] >= pivot {
            right -= 1
        }
        arr[left] = arr[right]
        while left < right, arr[left] <= pivot {
            left += 1
        }
        arr[right] = arr[left]
    }
    arr[left] = pivot
    return left
}

func quickSort(arr: inout [Int], left: Int, right: Int) {
    guard left <= right else {
        return
    }

    let pivotIndex = partition(arr: &arr, left: left, right: right)
    quickSort(arr: &arr, left: left, right: pivotIndex - 1)
    quickSort(arr: &arr, left: pivotIndex + 1, right: right)
}


var arr = [2, 1, 5, 9, 4, 0, 6, 3, 8, 7]
quickSort(arr: &arr, left: 0, right: arr.count - 1)
print(arr)
```

我们将快速排序的算法分成两个函数,这是采用了二分查找与分治的思想,partition 函数采用二分查找,获取划分的界限,从而将问题分解为更小的问题来解决。事实上,我们可以将 partition 放在快速排序的函数体内,成为其私有的函数,从而体现完整性,不过这里暂且只讨论算法,所以不做考虑。

可以从代码中看出,partition 函数是将数组的某一区域进行一个简单的排序划分,获取到划分的位置,根据其位置再将数组划分为两个区域,然后分别递归调用快速排序函数。

接下来根据数组以及代码详细分析一下排序过程。

我们传递的数组是[2,1,5,9,4,0,6,3,8,7],并且传递了数组的一个区域,表示在该区域里执行。当然在最外层调用快速排序的就是整个数组的区域,即 0~arr.count−1。进入 quickSort 函数,由于数组个数至少是大于 1 的(个数为 0 或者为 1 没有必要排序),所以执行 partition 函数,partition 函数是快速排序的要点所在,接下来,我们调用 partition 函数传递的参数,仍然是该数组以及其整个范围。鉴于 Swift 的参数默认为 let 不可修改,所以可以使用同 arr 参数类似的 inout 修饰,但这将使整个函数显得过于冗杂,因此在 partition 内创建同名的局部变量 left、right,并且记录区域的第一个值 pivot 为 arr[left],我们称其为比较数,然后便开始 while 循环了。

外层循环是 left 一定要小于 right 的,因为内部查找是从数组两边往中间合拢的,当 left 大于或等于 right 则表示此次遍历交汇了,即查找完毕。详细看一下内部代码,内部第一个 while 循环表示,从数组右侧开始,在仍然满足 left 小于 right 的情况下,一直找到比比较数 pivot 小的数,数组一开始如下:

```
[2, 1, 5, 9, 4, 0, 6, 3, 8, 7]
```

一开始 left 为 0,right 为 9,pivot 为 arr[0],即 2。接着刚才的分析,从数组 right 位开始向前(右)找,一直找到比 2 小的数,即 arr[5]=0。然后跳出内部第一个循环,此时 left 为 0,right 为 5,执行语句:

```
arr[left] = arr[right]
```

此时数组为:

```
[0, 1, 5, 9, 4, 0, 6, 3, 8, 7]
```

可以看到第 0 位已经被 arr[5]覆盖了,接着执行内部下一个循环。相反地,仍然在 left 小于 right 的情况下,从 left 开始向后(左)一直找出比 pivot 大的值,即比 2 大的值,结果在第 2 位找到了,因为第 2 位是 5,因此跳出循环。此时,left 为 2,right 为 5,接着执行语句:

```
arr[right] = arr[left]
```

此时数组为:

```
[0, 1, 5, 9, 4, 5, 6, 3, 8, 7]
```

将第 5 位的 0 赋值为第 2 位的数 5,此时外部 while 循环执行一遍结束,仍然满足 left 小于 right 条件,所以继续 while,此时 left 为 2,right 为 5,pivot 值为 2。同理,从 right 开始向后查找比 pivot 小的数,right 从 5 一直到 2,也没有找到比 pivot 小的数,而此时 left 已经等于 right 了,所以最外层的 while 循环结束了。结束后,left 为 2,right 为 2,执行语句:

```
arr[left] = pivot
[0, 1, 2, 9, 4, 5, 6, 3, 8, 7]
```

最后,将 left 的值 2 返回出去,至此 partition 函数执行结束。这时可以看到底 partition 函数做了什么?在函数一开始的地方,我们设置数组第一位 2 为我们的 pivot 比较值,最后得到的结果是将 2 排到了正确的位置,并且比 2 小的数都在其左边,比 2 大的数都在其右边,但是左右也并非是有序的。

我们将 2 返回给了 quickSort 函数内部的局部变量 pivotIndex,这表示已经将该位置确定好,接下来只要同理分别执行两边的数组就能达到目的。

quickSort(arr：&arr,left：left,right：pivotIndex−1)调用表示将 arr[2]左边的区域再次进行划分,quickSort(arr：&arr,left：pivotIndex＋1,right：right)调用表示将 arr[2]右侧的区域再次进行划分,这样在每个划分的区域内确定其比较值的位置,当划分到最小单位时,整个数组就排好序了。其时间复杂度为 O(nlogn)。

5.5　希尔排序

前面介绍了 4 种排序:冒泡排序,选择排序,插入排序和快速排序。这是 4 种最常见的排序方法,而后面介绍的 4 种排序或许读者只是听过,却很少接触过,对于一般的排序事务,前面 4 种排序已然足够应付,况且快速排序是 8 大排序中效率最高的,自然而然后面这 4 种排序就很少有人问津了,但作为了解以及算法思路还是值得学习的。

希尔排序又称为缩小增量排序,是插入排序的进化版,但与插入排序不同的是,希尔排序将子序列按照某个增量值进行排序,随着增量值的变小,整个数组形成了一个大致排好序的序列,最后按照增量 1 一个数一个数地直接进行插入排序,整个过程避免了很多重复的交换值操作。但希尔排序是一种非稳定的排序算法,所谓非稳定性,指的是对于数组中两个相同的元素,可能在排序之后顺序发生变化,即使两个数大小相同。希尔排序中两个相同的数可能会因为增量划分到不同的组中,导致最后排序好之后两个数位置发生了变化,因此不稳定。

代码如下。

```
func shellSort(arr: inout [Int]) {
    var gap = arr.count / 2
    while gap >= 1 {
        var i = gap
        while i < arr.count {
            let temp = arr[i]
            var j = i − gap
            while j >= 0, temp < arr[j] {
                arr[j + gap] = arr[j]
                j −= gap
            }
            if j != (i − gap) {
                arr[j + gap] = temp
            }
            i += 1
        }
        gap = gap / 2
    }
}
var arr = [2, 1, 5, 9, 4, 0, 6, 3, 8, 7]
shellSort(arr: &arr)
print(arr)
```

希尔排序的算法并不复杂,可以看出有插入排序的影子。首先定义最初的增量值,为数组个数的一半,在例子中,gap 值即为 5。在 gap 始终大于等于 1 的情况下,先将 gap 值赋给 i,即 i 为 5,j 为 0,记录 arr[5] 的值给 temp,即 temp = 0,然后便开始增量排序了,首先将 temp 与 arr[0] 比较,即 arr[5] 与 arr[0] 比较,如果 arr[0] 比 temp 大,则应将 arr[5] 赋值为 temp,此时数组由:

```
[2, 1, 5, 9, 4, 0, 6, 3, 8, 7]
```

变成了

```
[2, 1, 5, 9, 4, 2, 6, 3, 8, 7]
```

j −= gap,表示将 temp 与该组中下一位进行比较,此时 j 已经为 −5,跳出循环了,同理,最后判断 j 是否不等于(i − gap),如果不等于,则表示 j 已经自减过,也就是表示更换过数,所以将 temp 的值赋给最后 j+gap 的那一位,在此处,j+gap 是 0,即将 temp 存储的值赋给 arr[0],从而达到交换的目的。同理,arr[6] 与 arr[1] 比较,arr[7] 与 arr[2] 比较,一直到 arr[9] 与 arr[4] 比较,这时增量为 5 的循环结束,自除以 2,增量为 2,再次按照如上逻辑进行插入排序,这次会形成较为有序的数组。直到增量为 1,真正的插入排序,此时只要做比较少的操作就可以了。

为了方便读者理解,再举个例子,例如一群身高不一的学生站成一排,然后 0~4 报数,报数完毕后,先让报 0 的同学站出来,按照插入排序的方法进行排序,这时,报 0 的同学排好身高位置后归队,同理报 1 的同学站出来排列,一直到一轮结束后,再按照 0、1 报数,同理,再次细分、排序,一直到最后,所有同学再进行逐个插入排序,由于上一次已经排好一部分,所以这一次并不会做太多操作就能实现整个希尔排序。

从宏观角度上看,希尔排序每次先一轮排序都为下一轮排序提供了有利条件,从而避免了重复的无用交换,从而达到对插入排序的优化。希尔排序是按照不同步长对元素进行插入排序,当刚开始元素很无序的时候,步长最大,所以插入排序的元素个数很少,速度很快;当元素基本有序了,步长很小,插入排序对于有序的序列效率很高。所以,希尔排序的时间复杂度会比 $O(n^2)$ 好一些。

5.6 归并排序

归并排序又称为二路归并,是采用分治法最典型的例子,其基本思想是将整个数组的排序问题递归划分为子序列,最后层层往上合并为一个有序序列,直至最终实现全部排序完成。

代码如下。

```
func mergeSort(arr: inout [Int], left: Int, right: Int) {
    guard left < right else {
        return
```

```
    }
    let mid = (left + right) / 2

    mergeSort(arr: &arr, left: left, right: mid)
    mergeSort(arr: &arr, left: mid + 1, right: right)

    var temp: [Int] = Array(repeatElement(0, count: right - left + 1))
    var i = left
    var j = mid + 1
    var k = 0

    while i <= mid, j <= right {
        if arr[i] <= arr[j] {
            temp[k] = arr[i]
            k += 1
            i += 1
        } else {
            temp[k] = arr[j]
            k += 1
            j += 1
        }
    }
    while i <= mid {
        temp[k] = arr[i]
        k += 1
        i += 1
    }
    while j <= right {
        temp[k] = arr[j]
        k += 1
        j += 1
    }
    for p in 0..< temp.count {
        arr[left + p] = temp[p]
    }
}
```

通过代码的前 7 行可以看到归并排序的大概分治逻辑,即将数组按照折半来逐级划分,直至划分到 left=right,也就是划分的子序列仅有一个元素,也就是划分到了最小的单位,随后,每一层级执行下面的代码,将当前区域 left 至 right 的数组变成有序的。首先创建一个含有 right-left+1 个元素的数组,数组每个元素都暂且为 0,作为存储用。

由于该区域是下一级返回过来的,所以在 left 至 right 区域中,left 到 mid 是有序的,mid+1 至 right 也是有序的,现在就是要将 left 至 right 再排序,所以做法是将两个区域从最小的值开始比较,然后将较小值存入 temp 中,再与较小值所在区域的下一位进行比较,直至某一区域的元素检索完,将另一元素的剩下元素全部赋值给 temp 剩下的位置,这样temp 就得到了一个在 left 至 right 的有序数组。这是实现了该区域的排序,当然这不是终点,而只是众多分治中的某一步,接下来就返回上一级的分治之中,将该区域的有序数组与邻近区域的有序数组再次合并为另一个更大的有序数组,如此到最后实现排序的全部完成。

由于采用的是较为容易理解的分治递归思想,使归并排序看起来并不复杂,并且时间复杂度为 $O(n\log n)$,是一种效率较高且稳定的算法。

5.7　堆排序

堆排序是这几个排序中逻辑稍复杂的算法,之所以显得有些复杂,是因为堆排序涉及一个新概念,就是堆,堆的数据结构可以看作一个完全二叉树。二叉树是每个节点最多只有两个子树的树结构,类似于图 5-1 的树状结构就称为二叉树。

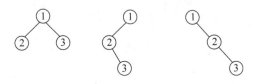

图 5-1　二叉树

而完全二叉树是深度为 h,有 n 个节点的二叉树,当且仅当其每个节点的编号都与深度为 h 的满二叉树中从 1 至 n 的节点编号一一对应。换句话说,我们生成一个完全二叉树,是从左至右依次添加到树结构上,如图 5-2 所示的二叉树即为完全二叉树。

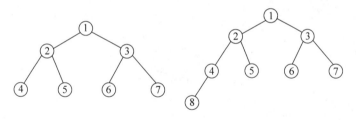

图 5-2　完全二叉树

本节中堆的结构就大致是完全二叉树的结构,而在下面对堆排序的实现中,也是通过这种结构来实现的。而二叉树的结构与数组的对应关系也是比较简单的,即数组中每个数所在的位置对应于完全二叉树的节点顺序。例如,我们排序中用到的数组:

```
var arr = [2, 1, 5, 9, 4, 0, 6, 3, 8, 7]
```

用完全二叉树表现如图 5-3 所示。

而这样的完全二叉树结构还不能称为堆,因为堆还有两个条件:

(1)堆的最大元素或者最小元素出现在堆顶;

(2)堆的父节点的值都是大于或者小于其子节点的值。

其实,如果满足第二个条件,第一个条件也自然成立,根据以上对堆的定义,以及堆的元素顺序,可以分为

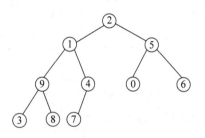

图 5-3　数组的完全二叉树表示

最大堆和最小堆,即父节点大于子节点的称为最大堆,反之称为最小堆。

在之前的排序中,都是将数组排成从小到大的顺序,此例中,采用最大堆或者最小堆都可以实现,下面看一下代码。

```swift
func maxHeapify(arr: inout [Int], index: Int, size: Int) {
    var i = index
    while true {
        var iMax = i
        let iLeft = 2 * i + 1
        let iRight = 2 * i + 2

        if iLeft < size, arr[i] < arr[iLeft] {
            iMax = iLeft
        }
        if iRight < size, arr[iMax] < arr[iRight] {
            iMax = iRight
        }
        if iMax != i {
            let temp = arr[iMax]
            arr[iMax] = arr[i]
            arr[i] = temp
            i = iMax
        } else {
            break
        }
    }
}

func buildMaxHeap(arr: inout [Int]) {
    let lastParent = arr.count / 2 - 1
    for i in (0...lastParent).reversed() {
        maxHeapify(arr: &arr, index: i, size: arr.count)
    }
}

func heapSort(arr: inout [Int]) {
    buildMaxHeap(arr: &arr)
    for i in (1...arr.count - 1).reversed() {
        let temp = arr[0]
        arr[0] = arr[i]
        arr[i] = temp
        maxHeapify(arr: &arr, index: 0, size: i)
    }
}

var arr = [2, 1, 5, 9, 4, 0, 6, 3, 8, 7]
heapSort(arr: &arr)
```

我们将堆排序分成了三部分代码,heapSort 是主方法,buildMaxHeap 是创建最大堆(本例中采用最大堆来实现从低到高的排序,这并不冲突),maxHeapify 是对节点 index 进行调整。

在解释这段代码之前,先图解一番其过程。数组 [2,1,5,9,4,0,6,3,8,7]用二叉树来表现如图 5-4 所示。

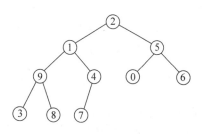

图 5-4 数组建堆前

接下来,将对这个二叉树进行构建成堆,首先从最后一个父节点开始。首先确定一下对于父节点和子节点的公式。

对于节点 i 来说:

i 的父节点为:$(i-1)/2$

i 的左子节点为:$2 \times i+1$

i 的右子节点为:$2 \times i+2$

并且对于节点 i 来说,是必有父节点的,但其左子节点和右子节点不一定有,因为节点 i 可能为叶子节点。

接下来的任务是构建成堆,堆的定义在之前讲过,是在完全二叉树的基础上对于任一节点的值都大于其左右子节点,所以我们从这个二叉树的最后一个父节点开始查找并替换。而最后一个父节点即是数组的最后一个元素的父节点,为(arr.count-1) / 2,即第 4 位,正好也为 4。

判断第 4 位与其左右子节点的大小,由于只有左子节点,所以将其和左子节点比较,又因为 arr[4] < arr[9],子节点大于父节点,所以替换,如图 5-5 所示。

由于 arr[4]的子节点是叶子节点,所以不能继续向下查找判断,此轮循环结束,寻找下一个父节点 arr[3],arr[3]的值为 9,在图 5-5 所示二叉树中有两个子节点,但值 9 是比值 3 和值 8 大的,也就是 arr[3]比其两个子节点的值都大,所以不用交换,并且也不用向下执行,此循环结束。下一个循环,arr[2]值为 5,其右节点的值 6 大于值 5,所以交换,如图 5-6 所示。

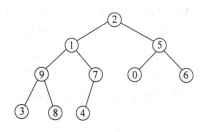

图 5-5 建堆过程 1

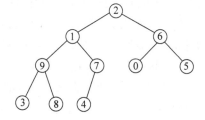

图 5-6 建堆过程 2

接下来到父节点 arr[1],其左节点比 arr[1]大,交换,如图 5-7 所示。

然而到这里,由于其左节点 arr[3]为父节点,同时 arr[3]的右子节点比当前的 arr[3]的值大,所以继续交换,如图 5-8 所示。

此时可能有读者会有疑问,如果 arr[3]的某个子节点会有比值 9 还大的存在,该如何与 arr[1]进行交换呢? 实际上,我们之所以从最后一个父节点开始往上遍历,为的就是如果在

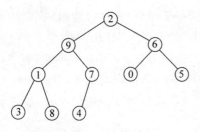

图 5-7　建堆过程 3

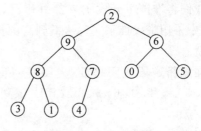

图 5-8　建堆过程 4

某一节点,例如节点 a 与其子节点 b 比较大小的时候,子节点 b 也为父节点,能够保证 a 的这一子节点 b 已经是比 b 的子节点都大。简单总结一下就是,如果某一节点小于其某一子节点,那么交换后,该节点肯定大于其任意子节点,以及孙子节点。结合上面过程可以理解为,值 9 一开始是值 3 和值 8 的父节点,即使值 9 被交换上去了,仍然是大于值 3 和值 8 的。

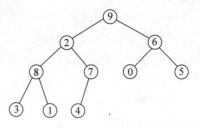

图 5-9　建堆过程 5

继续到节点 arr[0],已是堆顶,此时 arr[0] 值 2,比其左子节点值 9 小,交换,得到图 5-9。

但是此时 arr[1] 小于左子节点 arr[3],交换后仍然小于 arr[7],再交换。这一过程如图 5-10 所示。

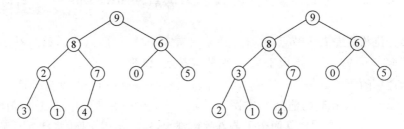

图 5-10　建堆过程 6

至此,该完全二叉树已经满足堆的条件,所以可以称此时的完全二叉树为堆。

同时,以上图解的这一过程,我们称之为最大堆调整,目的就是将一个不满足堆的完全二叉树,通过交换,最后成为一个堆结构。再对比之前的堆排序代码,可以看到如上过程就是函数 buildMaxHeap 的过程,其中对于某一节点进行查找子节点并交换是由函数 maxHeapify 完成的。至此已经完成了堆排序最复杂的一步了,接下来就很好理解了。

通过如上的操作,现在将最大值 9 置换到了堆顶,堆顶也是数组中的首元素 arr[0],接下来需要将值 9 再交换至函数最后,如图 5-11 所示。

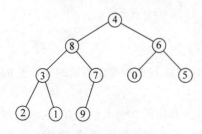

图 5-11　建堆过程 7

有读者可能会有疑问,为何要将最大值交换至末尾?这是因为,我们刚刚通过堆排序,找到了数组中的最大值,由于是从小到大的顺序,所以每次将堆排序结构中的最大值找出来依次放在末尾,就可以实现完整的排序了。

此时值 9 已经被交换至末尾,我们在函数 heapSort 中缩小 size,表示接下来的构建最大堆以及寻找最大值,都是除了 arr[9]，在其之前操作。同时由于值 4 被交换至堆顶，此时以及破坏了堆的结构，所以要重新对堆顶进行检查，注意此时，因为已经不管值 9 了，并且在现在的二叉树的操作范围内，我们只改动了堆顶节点，对于其他父节点，仍然保持大于子节点的特性，所以此时只要对堆顶节点进行操作即可，操作方法即为函数 maxHeapify。以此类推，我们每次构建一次最大堆，都能找出剩下元素中的最大值，并将其排列在数组第 n 大的位置上，最终实现完整的堆排序。

5.8 基数排序

基数排序，又称为"桶子法"排序，属于一种分配式排序，排序思想也不同于之前介绍的几种排序，而是一种借助于多关键字排序思想进行排序的方法，其多关键字排序就是根据其不同的优先级来划分关键字。其中，在数字排序中，一般将排序数的个十百千位划分为其优先级的关键字，逐级根据其关键字依次从个位向高位划分，每次划分结束，将划分好的数据收集起来，再进行下一次的高位划分，直至最后整个排序完成。

为了达到更好的演示效果，我们使用复杂一点儿的数据来进行图示。首先用于图示的数组如下：

```
var arr = [132, 785, 064, 527, 308, 457, 002, 921, 233, 477]
```

我们将整个待排序数组分为 10 个桶，因为每一位数字为 0~9，刚好 10 个，所以可以将数组按照某一逻辑划分到相应的桶中，这个逻辑就是从个位开始，将 0~9 作为关键字，按照个位数值来划分依次入列。

如图 5-12 所示，首先按照个位进行了一个简单的划分，数组的值都进入了相应的桶中，然后将这些数再收集起来，按照十位来再次划分，如图 5-13 所示。

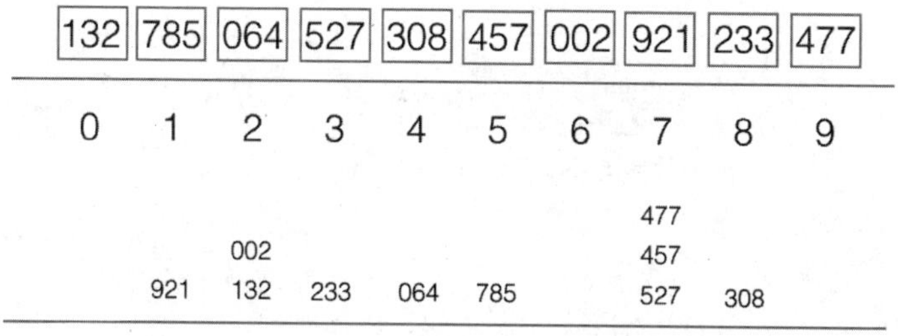

图 5-12 数组按个位划分

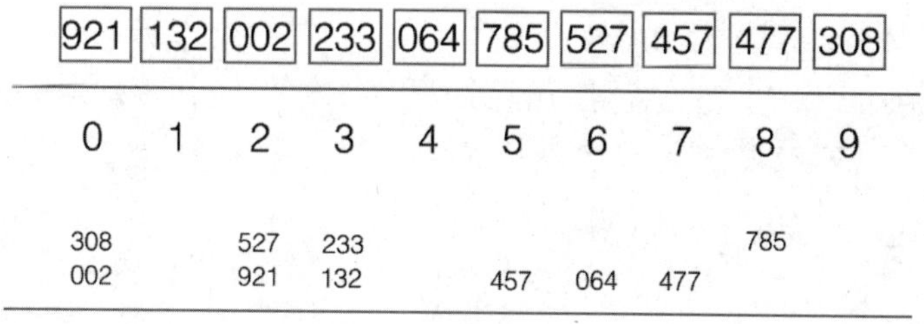

图 5-13 数组再按十位划分

同理,将按照十位划分过后的数据收集起来,再次按照百位来进行划分,因为最大数的位数就是百位。

如图 5-14 所示,因为已经循环到了最高位——百位,所以循环结束,此时再次将桶中的数据收集起来,你或许会惊奇地发现数组已经排好序了,也就是说基数排序已经完成了。

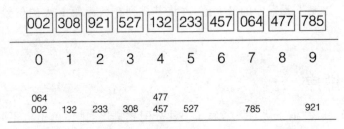

图 5-14　数组再按百位划分

下面先来看一下代码。

```swift
func radixSort(list: inout Array<Int>) {
    var bucket = createBucket()
    let maxNumber = listMaxItem(list: list)
    let maxLength = numberLength(number: maxNumber)

    for digit in 1...maxLength {
        for item in list {
            let baseNumber = fetchBaseNumber(number: item, digit: digit)
            bucket[baseNumber].append(item)
        }
        print("第\(digit)轮入桶结果")
        print("\(bucket)")

        //出桶
        var index = 0
        for i in 0..<bucket.count {
            while !bucket[i].isEmpty {
                list[index] = bucket[i].remove(at: 0)
                index += 1
            }
        }
        print("第\(digit)轮出桶结果")
        print("\(list)\n")
    }
}

func createBucket() -> Array<Array<Int>> {
    var bucket: Array<Array<Int>> = []
    for _ in 0..<10 {
        bucket.append([])
    }
    return bucket
}
```

```
func listMaxItem(list: Array<Int>) -> Int {
    var maxNumber = list[0]
    for item in list {
        if maxNumber < item {
            maxNumber = item
        }
    }
    return maxNumber
}

func numberLength(number: Int) -> Int {
    return "\(number)".characters.count
}

func fetchBaseNumber(number: Int, digit: Int) -> Int{
    if digit > 0 && digit <= numberLength(number: number) {
        var numbersArray: Array<Int> = []
        for char in "\(number)".characters {
            numbersArray.append(Int("\(char)")!)
        }
        return numbersArray[numbersArray.count - digit]
    }
    return 0
}
```

可以看到，首先创建了 10 个空数组，表示 10 个桶结构，这个是后面所要用到的，接着找出数组中的最大数以及该最大数的位数来确定后面的循环次数。

然后开始循环，digit 从 1 到最大位数表示从个位开始到最高位。在每次的位循环中，按照我们根据当前是循环哪一位，来获取数组中每个数的该位的数字，并将这个数放到创建好的桶中，例如第一个数 132，第一次个位循环时，判断个位是 2，所以将 132 放入第二个桶中的数组中，以此类推。分配完毕后，桶中 10 个数组中的每个数组，有的可能含有值，有的可能为空数组。所以遍历循环桶结构，只要桶中某个数组还有值，就将其复写到原数组中，并将其 remove。这样个位的一遍循环结束后，数组进行了一次分配收集，桶也实现了填充数据到提出数据，最后又变为含有 10 个空数组。同理，再进行十位以及百位的循环。

基数排序的时间复杂度为 $O(d(n+\text{radix}))$，其中，一趟分配时间复杂度为 $O(n)$，一趟收集时间复杂度为 $O(\text{radix})$，共进行 d 趟分配和收集，是属于一种稳定的排序算法。

小结

本章介绍了著名的 8 大排序。其中，冒泡排序、选择排序、插入排序是简单的排序，快速排序、希尔排序、堆排序是比较高效率的排序，还有两种是体现分治思想的归并排序和基数排序。

每种排序都有各自的特点，有的简单有效，有的利用空间换时间来达到高效排序，其实最终的思想是大致相同的。读者可以根据实际需求来选择使用，所以说，没有最好的排序，只有最适合的排序。

在实际的 iOS 开发中,或许很少会用到排序算法,所以大多数开发者对此也并没有深入了解,其实在涉及底层以及数据结构和算法时,就会使用得到,例如一些图片压缩算法。并且,以上介绍的几种算法也有比较优秀的设计思路,在实际开发中也用得到,例如分治递归。所以笔者将排序算法单独拿出来讲,可以作为了解,同时也希望读者可以在这些算法的精华中获取到更有用的编程思想以及理论知识,从而为以后打下良好的理论基础。

第 6 章

技能进阶与思考

iOS 系统为我们提供了丰富的 API 以及基础控件，对于开发者来说已经非常方便，但在一些情况下，系统没有向我们暴露实现细节，需要自定义实现类似的效果，或者在开发中使用一些很少被使用却很强大的功能，另外还有一些关于应用编译和启动的原理。希望通过本章的学习，开发者的技能和眼界有较为明显的提升。

本章内容：

■ 按钮的图文位置

■ 创建私有库

■ 子控制器

■ APP 状态恢复

■ APP 编译过程

■ APP 启动

■ 多线程

■ 继承与多态

■ 缓存

■ 字数限制

6.1 按钮的图文位置

UIButton 是开发中经常用到的 UI 控件，主要用于处理用户带有效果的点击事件。虽然 UIButton 提供了丰富的 API，包括不同状态下显示不同的文字和图片，以及阴影效果，似乎 UIButton 提供的 API 大部分是可以根据当前的交互状态来改变的。而事实上，其单击触发功能是父类 UIControl 带有的，但 UIControl 仅仅是个不带任何子视图的视图，也可以继承 UIControl 来实现一个自定义的 Button。

UIButton 的 API 虽然比较丰富，但其 image 和 title 的位置默认是固定的，也就是

image 在左 title 在右这样的一个样式。但实际开发中,可能 UI 会设计出不一样的 UIButton,例如图片在上、在右、在下的位置,更或者 image 和 title 需要设置一些间距,这样便不能直接使用 UIButton 了。

如图 6-1 所示,这些 button 的样式在 UI 的设计中经常会见到,实现起来也是有各种方式。结合实际开发中经常遇到的,下面列出三种实现方法。

图 6-1　UIButton 样式

(1)继承 UIControl,添加 UIImageView 和 UILabel,根据 UI 样式将其摆放在需要的位置上。但这样做虽然能达到基本的样式效果,却失去了 UIButton 带的交互效果,并且没有复用性,仅仅是简单的"表面工作",效果并不是特别好。

(2)将 title 和 image 共同组成一个 image,然后赋给 UIButton 的 image 变量,这样做虽然可以不用定制 Button 控件,但要在其他地方都这样使用的话,估计设计师会疯掉,并且也没有复用性,仅仅是对 UIButton 的一个赋值操作。

(3)利用 UIButton 提供的三个属性 contentEdgeInsets、titleEdgeInsets、imageEdgeInsets,给 UIButton 添加 extension 方法,动态修改 title 和 image 的位置。这是一个比较推荐的做法,因为不用创建一个控件,还能保持 UIButton 带有的交互效果。

本节就是针对第三个方法来进行讲解,如何对 contentEdgeInsets、titleEdgeInsets、imageEdgeInsets 三个属性进行修改来达到我们的需求呢? 这样做会不会存在一些潜在的问题?

这三个属性都是 UIEdgeInsets 类型,默认为 UIEdgeInsetsZero,其 4 个参数分别对应着上、左、下、右。

首先看一下 UIButton 的 contentEdgeInsets 属性,例如非常普通的一个 UIButton,如图 6-2 所示。

在代码中,我们将这个 UIButton 宽高设置为 100,并且 image 宽度为 24,title 设置为 "abcdefg",所以两个加一起差不多刚好填充了 UIButton 的宽度,此时将 contentEdgeInsets 设置为 UIEdgeInsetsMake(0, 10, 0, 10),其他保持不变,再次运行,可以看到 button 的样式变为如图 6-3 所示。

图 6-2　普通 UIButton　　　　　图 6-3　UIButton 修改 contentEdgeInsets

与之前的相比,很明显 button 的左右都空出了 10 个 point 的空间大小。title 也因此中间省略了一部分。由此可以看出,contentEdgeInsets 是设置 UIButton 的内边距,直接影响的就是 image 和 title 的可显示区域,left 和 right 的值越大,中间可显示的区域越小。反之可显示区域越大,即如果左右设置的值为负数,并且 image 和 title 的共同宽度足够大的情况下,是可以超出 UIButton 的区域范围的。同理,设置上下也能达到相应的效果。但是这并不是绝对的! 刚刚是设置了左右,如果将 contentEdgeInsets 设置为 UIEdgeInsetsMake(45,0,45,0),表示上下的内边距都为45,因为 button 的高度为100,所以这样中间高度的可显示区域仅有10。但是运行效果如图6-4所示。

可以看到,image 已经按照逻辑被压到高度仅为10,但 title 的 label 却仍然保持原有的高度。因此可以得出结论,设置 contentEdgeInsets,左和右可以对 image 和 title 压缩宽度,上和下只能压缩 image 的高度,却不能影响 label 的高度。另外还有一点,虽然上和下不能影响 label 的高度,但如果上和下两个值不一样,可以影响到 title 在垂直方向上的位置。例如,将 contentEdgeInsets 设置为 UIEdgeInsetsMake(65,0,25,0),效果如图6-5所示。

图 6-4　UIButton 修改 contentEdgeInsets　　　　图 6-5　UIButton 修改 contentEdgeInsets

虽然不能改变 title 的高度,但是改变了 title 的位置。而左右方向上不仅可以改变 title 的宽度,也可以改变其在水平方向的位置。

介绍完 contentEdgeInsets 的作用,再介绍下 titleEdgeInsets 和 imageEdgeInsets。有了刚才的实验,当然我们可以想到,titleEdgeInsets 是对 titleLabel 的内边距,imageEdgeInsets 是对 imageView 的内边距。

图6-6中的三个 button 分别是:都未设置、titleEdgeInsets 为 UIEdgeInsetsMake(0,10,0,10),imageEdgeInsets 为 UIEdgeInsetsMake(0,10,0,10),可以看到设置 titleEdgeInsets 时,明显看到左右两边与原本相比空出了一些距离,但设置 imageEdgeInsets 时,image 仅仅是位置发生变化,宽度是不受影响的。事实上,除非 imageEdgeInsets 左右过大,导致剩下的空间比 image 的宽度要小时,image 才会变窄。

图 6-6　UIButton 的 titleEdgeInsets 和 imageEdgeInsets 作用

以上简单地对 contentEdgeInsets、titleEdgeInsets、imageEdgeInsets 这三个重要的属性进行了介绍和实验,接下来就要结合这三个属性来达到我们的最终目的——更改 image 和 title 的相对位置。

先做一个 image 在左,title 在右,但中间有一定间隔的效果。首先将一个正常的 button 来作为实验对象,在未设置任何 edgeInset 的情况下,如图6-7所示。

假设将中间的大小设为10,所以 image 要向左移5,title 要向右移5,代码如下。

```
button.imageEdgeInsets = UIEdgeInsetsMake(0, -5, 0, 5);
button.titleEdgeInsets = UIEdgeInsetsMake(0, 5, 0, -5);
```

我们将 imageEdgeInsets 的左参数减少,右参数增加,这样就可以达到一个左移的效果。同理,将 titleEdgeInsets 右移 5,这样效果就出来了,如图 6-8 所示。

图 6-7　UIButton 正常状态　　　图 6-8　UIButton 修改 titleEdgeInsets 和 imageEdgeInsets

到这里,我们已经完成了中间空出 10pt 的大小的效果,或许读者此时有疑问,要不要设置 contentEdgeInsets 的大小呢? 这里要说明一下,contentEdgeInsets 与 imageEdgeInsets、titleEdgeInsets 二者并非有相互关联关系,contentEdgeInsets 只是规定一个大的限制范围,如果不设置,对 imageEdgeInsets 和 titleEdgeInsets 没有影响,只有设置了才会有影响。contentEdgeInsets 相当于把最终确定好的边距再进行修剪,所以只要 contentEdgeInsets 不会对 title 和 image 进行挤压造成影响,就不用太关心 contentEdgeInsets。

图 6-9　UIButton 图文位置互换

完成第一种位置,第二个要做的是 image 在右,title 在左,中间间隔 10pt,如图 6-9 所示。

titleLabel 在原来的位置上,如何与 imageView 交换位置呢? 想象一下,imageView 的右侧,需要到达 label 右侧的位置,需要跨度整个 label 的宽度,再加上 1/2 的间隙。而 label 的宽度,需要我们根据 title 动态算出。而对于 titleLabel 来说,其左边位置要到达最左边,需要跨度一个 imageView 的宽度加上间隙的 1/2。所以代码如下。

```
CGFloat spacing = 10;
CGFloat labelWidth = [ button. titleLabel. text boundingRectWithSize: CGSizeZero options:
NSStringDrawingUsesLineFragmentOrigin attributes:@{NSFontAttributeName: button.titleLabel.
font} context:nil]. size. width;
CGFloat imageWidth = button. imageView. image. size. width;
button. imageEdgeInsets = UIEdgeInsetsMake(0, labelWidth + spacing / 2, 0, - (labelWidth +
spacing / 2));
button. titleEdgeInsets = UIEdgeInsetsMake(0, - (imageWidth + spacing / 2), 0, imageWidth +
spacing / 2);
```

这里设置的 edgeInsets 都是基于原本的 UIEdgeInsetsZero 来设置的,所以需要以原来正常的 button 上的 imageView 和 titleLabel 进行参考,效果如图 6-10 所示。

接下来,将 image 放置在中上位置,title 放在中下位置。所以这与刚才左右移动是不同的,刚才因为 image 和 title 左右移动的时候,垂直方向上并没有变化,而这里不仅需要在左右方向上移动,还需要在上下位置上进行调整,直到合适的位置,如图 6-11 所示。

图 6-10　UIButton 正常状态　　　　　图 6-11　UIButton 上图下文位置

首先考虑 image，如果 image 在中上位置，需要对 imageView 右移多少呢？因为在未设置时，imageView 和 titleLabel 是紧邻的，所以从整体上考虑 imageView 和 titleLabel 的总宽度的 1/2，也就是整个 button 的中心位置。而 imageView 相对于这个中心位置的距离是总宽度的 1/2 减去 imageView 宽度的 1/2，即为 titleLabel 宽度的 1/2。同理，titleLabel 左移的距离是 imageView 宽度的 1/2。垂直方向上，需要得到 imageView 的高度、间隔、titleLabel 的高度之和，这个和与 imageView 的高度的差值的 1/2 即是 imageView 垂直方向上需要移动的偏移量。对应地，这个高度之和与 titleLabel 高度的差值的 1/2 即是 titleLabel 需要移动的偏移量，代码如下。

```
CGFloat spacing = 10;
CGSize labelSize = [button.titleLabel.text boundingRectWithSize:CGSizeZero options:
NSStringDrawingUsesLineFragmentOrigin attributes:@{NSFontAttributeName: button.titleLabel.
font} context:nil].size;

CGSize imageSize = button.imageView.image.size;
CGFloat totalHeight = labelSize.height + imageSize.height + spacing;

button.imageEdgeInsets = UIEdgeInsetsMake(-(totalHeight - imageSize.height)/2,
labelSize.width / 2, (totalHeight - imageSize.height)/2, -labelSize.width / 2);
button.titleEdgeInsets = UIEdgeInsetsMake((totalHeight - labelSize.height) / 2,
-imageSize.width / 2, -((totalHeight - labelSize.height) / 2), imageSize.width / 2);
```

设置完成运行后，得到图 6-12。

相应地，如果是 image 在下，title 在上的话，只要将垂直方向上的偏移量改变正负即可。这里也不用做过多的解释，代码如下。

```
CGFloat spacing = 10;
CGSize labelSize = [button.titleLabel.text boundingRectWithSize:CGSizeZero options:
NSStringDrawingUsesLineFragmentOrigin attributes:@{NSFontAttributeName: button.titleLabel
.font} context:nil].size;
CGSize imageSize = button.imageView.image.size;
CGFloat totalHeight = labelSize.height + imageSize.height + spacing;

button.imageEdgeInsets = UIEdgeInsetsMake((totalHeight - imageSize.height)/2, labelSize
.width / 2, -(totalHeight - imageSize.height)/2, -labelSize.width / 2);
button.titleEdgeInsets = UIEdgeInsetsMake(-(totalHeight - labelSize.height) / 2,
-imageSize.width / 2, ((totalHeight - labelSize.height) / 2), imageSize.width / 2);
```

效果如图 6-13 所示。

图 6-12 UIButton 的上图下文位置

图 6-13 UIButton 的上文下图位置

本节小结

本节讲述了如何利用 contentEdgeInsets、imageEdgeInsets、titleEdgeInsets 三个属性来

改变 image 和 title 的相对位置,可以实现出符合自定义位置效果的 UIButton。然而,使用这三个属性来对 UIButton 修改虽然方便,但是也有不足之处。主要体现在以下几方面。

(1) 如果 title 过长,则会显示错位。这是由于我们在设置位置时,并不一定知道 button 的 frame. size,所以可能 titleLabel 会省略部分文字,但计算 title 宽度时我们是假设完全展开的,也就是计算的是完整的宽度。如果利用这个完整的宽度放在省略 title 的 UIButton 上,就会出现错位。

(2) title 或者 image 每次改变时,需要重新设置一次。由于在不同交互状态下,UIButton 的 image 大小或 title 文字可能不一样,由此导致错位的可能,因此,每当会影响位置的因素出现时,需要对其重新设定。

6.2　创建 Pod 库

作为这本书的读者,相信已经有了一定的 iOS 开发经验,在你的 iOS 开发生涯中,无时无刻不在学习新的知识,也在不断累积,渐渐地,你会封装一些自己的常用库,这样在新的项目中便可以直接使用,非常有利于后续的开发。但是,你的集成方式是什么呢? 随着业务逐渐增多,代码量也会越来越大,越来越复杂,对于不涉及业务层的代码和工具类、公用库,完全可以采用现在流行的组件化方式,剥离出来,以一种其他方式集成到项目中。

所抽离出来的代码,我们暂且称其为公用库,一般公用库有几个特点:①插拔式,集成即可用,去除对项目没有直接的影响;②独立,一般不依赖其他库,或者尽可能少地依赖其他库,本身具有较为完善独立的功能;③使用方便,不需要做太多的操作,复杂的逻辑在公用库内部基本完成,只提供易用的 API 给外部直接调用即可。

刚刚说到集成方式,一般情况下,最简单的就是直接将公用库的代码拖到项目中就可以。虽然在开发中工程师们一向崇尚简单最好,但这是建立在基础服务和后续服务都比较完善的情况下,一般来说,公用库并非是一次成功,经常在使用的时候也会出现 bug,这时公用库面临着更新以及版本控制的问题,这对直接拖到项目中的方式来说是比较困难的,需要人力来进一步地维护。除此之外,还有两种较为常见的集成方式,一种是 git submodule,一种就是今天的主题 CocoaPods 方式。git submodule 方式可以很好地方便我们对公用库进行更新和管理,但往往不能引起开发者足够的重视,同时在版本控制方面没有 CocoaPods 方便。

具体操作分为以下几步。

第一步:将 CocoaPods 升到最新的正式版本。

CocoaPods 官方推荐开发人员及时将其升级到最新的正式版本,不仅是因为其稳定性和新特性(事实上很少会用到 CocoaPods 的新特性,主要还是一些基本的用法),对于本节中要做的事,如果 CocoaPods 不是最新版本的话,可能会出现若干问题。下面开始步入正文。

具体是终端命令:

```
$ sudo gem install cocoapods
```

注:如果报错,请去 Stack Overflow 上搜索错误信息,这里不做解释。

第二步:cd 到一个合适的目录下,并为仓库想一个名字。

一般创建一个 Pod,都要将其放在合适的目录下方便以后维护,另外,如果要创建的库是公有库,那么需要为库创建一个独一无二的名字,所以不能将库命名为 AFNetworking 之类的,如果不确定库名称会不会重复,建议先搜索一下:

```
$ pod search 'PODNAME'
```

如果提示:

```
[!] Unable to find a pod with name, author, summary, or description matching 'PODNAME'
```

恭喜你,这个名词还没人使用,你可以据为己有。

这里为了方便继续讲解,笔者打算创建一个此时还未有过的 Pod 名称"HHExtension",这个库主要为系统类提供一些简单的扩展方法。接下来都通过这个名称来讲解。

第三步:pod lib create [PODNAME]。

在终端输入命令:

```
$ pod lib create HHExtension
```

输入这个名称的时候是从 CocoaPods 的 GitHub 仓库中下载一个样板工程,并根据你的 PODNAME 来生成定制化的工程。

如果顺利,接下来会有一些关于定制化这个样板工程的设置问题需要确定一下。

(1) What language do you want to use?? [Swift / ObjC]

选择你 pod 的开发语言,可以根据自己的实际情况来选择,这里选择 ObjC(不区分大小写)。

(2) Would you like to include a demo application with your library? [Yes / No]

是否需要在工程项目中包含一个 demo? 我们创建的这个公用库,可以在 demo 工程中进行简单的测试以及用法介绍,所以是有必要的,这里选择 Yes。

(3) Which testing frameworks will you use? [Specta / Kiwi / None]

是否需要测试框架,这里暂时不做介绍,选择 None。

(4) Would you like to do view based testing? [Yes / No]

是否需要 UI 测试? 当然,这里也暂时不考虑,选择 None。

(5) What is your class prefix?

类名前缀,只有在选择 OC 时才会有这个选项,这里使用 HH。

设置完会自动打开项目工程,先大致浏览一下。

简单对其说明,图 6-14 中有 A、B、C、D 4 个位置,含义分别如下。

图 6-14　Pod 工程

A：有项目非常重要的 PODNAME. podspec 文件，这相当于是 Pod 的描述文件，之后对 Pod 进行验证、上传，以及别人在 CocoaPods 中使用你的库都是根据这个文件。除了 PODNAME. podspec 文件，还有 Pod 的 readme 文件以及使用许可证，这两个暂时不用关注。

B：这个就是在创建样板工程时的第二个问题，也就是 demo 部分，之后可以在这里对 Pod 进行测试使用。

C：公用库文件都放在这里，以及涉及的资源文件，总之组成整个 Pod 所需的文件都放置在这里。

D：这个目录在使用 CocoaPods 时经常会见到，一般用到的第三方库代码文件都会在此处，这里只是做一下介绍。当然如果别人用我们的 Pod，那么就会在该处出现我们的 Pod 代码文件。

第四步：添加 Pod 的文件。

接下来就可以为 Pod 添加代码了，由于是用来演示，这里简单创建一个基于 UIView 的扩展。具体代码如下。

```objc
// UIView + HHExtension. h
# import < UIKit/UIKit. h >
@ interface UIView(HHExtension)
- (void)setWidth:(CGFloat) width;
- (CGFloat)width;
@ end

// UIView + HHExtension. m
# import "UIView + HHExtension. h"
@ implementation UIView (HHExtension)
- (void)setWidth:(CGFloat) width {
    CGRect temp = self.frame;
    self.frame = CGRectMake(temp.origin.x, temp.origin.y, width, temp.size.height);
}

- (CGFloat)width {
    return self.frame.size.width;
}
@ end
```

代码非常简单，就是方便 UIView 直接读写宽度的作用。将这两个文件放在图 6-14 中 C 位置的 Classes 文件夹下，顺便把 Replace. m 文件删除。完成后大概如图 6-15 所示。

由于更改了 Pod 中的内容，需要执行一下 pod install 或者 pod update 命令。（注意：此时很有可能还在外层目录，需要 cd HHExtension/Example，再执行 pod install 或者 pod update。）

接下来，可以简单对其进行一下测试，在 Example

图 6-15　添加 Pod 文件

For HHExtension 文件夹中的 HHViewController 中添加代码。此时可以在 HHViewController. m 中先 import 一下：

```
# import < HHExtension/UIView + HHExtension. h >
```

发现不会报错，说明没有问题，当然如果刚刚没有 pod install 或者 pod update 的话就可能会报错。

接下来，在 HHViewController 的 viewDidLoad 方法中，真正使用一下我们的 Pod。

```
// HHViewController. m
- (void)viewDidLoad
{
    [super viewDidLoad];

    UIView * redView = [[UIView alloc] initWithFrame:CGRectMake(100, 100, 100, 100)];
    redView. backgroundColor = [UIColor redColor];
    [self. view addSubview:redView];

    redView. width = 200;
}
```

运行之后可以发现，redView 的宽度确实被改为 200 了，说明公用库功能没有问题。

第五步：lint 验证。

然后需要对我们的 Pod 进行验证：pod lib lint，由于此时还在 Example 文件夹内，需要 cd .. 到上一级才能验证，因为 HHExtension. podspec 文件在这里，该命令主要是对该文件做验证，以确保必要信息的完整性和正确性。

如果 PODNAME. podspec 文件有错误或者问题，这里都会提示出来。在笔者这里出现了两个警告如下。

```
-> HHExtension(0.1.0)
    - WARN | summary: The summary is not meaningful.
    - WARN | url: The URL (https://github.com/huangxinyu1213/HHExtension) is not reachable.
```

第一个是说在 HHExtension. podspec 文件中，summary 没有意义，由于我们还没有对其修改，所以 summary 是默认的一段文本，我们对其进行修改一下，注意不能过短。将 summary 改成'an useful extension tool for UIKit. '。再验证一次可以发现关于 summary 的警告已经没有了，那下一个警告是什么呢？

因为我们创建 Pod 的过程都在本地，还没有上传至 GitHub 或其他的第三方代码托管平台。解决办法是在平台上创建该仓库。创建完毕后，本地执行以下命令（注意将地址换成自己对应的地址）：

```
$ git init
    $ git add .
    $ git commit - m 'first commit'
```

```
$ git remote add origin git@github.com:huangxinyu1213/HHExtension.git
$ git push origin master
```

再次用 pod lib lint 验证，可以看到已经没有警告了，通过！但是与 pod lib lint 对应的还有个命令：pod spec lint，这两个命令的区别是后者会判断你有没有对 Pod 打 tag。由于我们还没有打 tag，所以用 pod spec lint 验证是会报错的。要解决这个问题就要给 Pod 打上 tag，打 tag 如下：

```
$ git tag - m 'first release' '0.1.0'
$ git push -- tags
```

这时候用 pod spec lint 验证也会通过，接下来就是发布了。

第六步：注册 trunk 账号。

```
$ pod trunk register your@email.com 'Your name' -- description = ' description'
```

注册成功后去邮箱确认邮件。然后回来执行命令：

```
$ pod trunk me
```

来确认自己的信息。

第七步：发布。

```
$ pod trunk push HHExtension.podspec
```

如果在一开始你没注意你的 Pod 名称，导致和别人已发布的 Pod 重名，那此时就会报错，如果到这一步报错就会很麻烦，所以需要在一开始确认好名称，并 pod search 'PODNAME' 一下。

这里如果没有其他问题的话，就发布成功了。如果此时不能 search 到自己的 Pod，需要执行以下命令：

```
$ pod repo update
```

如果还是搜索不到，需要清空本地的搜索缓存。

```
$ rm ~/Library/Caches/CocoaPods/search_index.json
```

这样就可以搜到了，接下来可以直接创建一个新工程，并将你的 Pod 加到 Podfile 中，然后执行 pod install，这样可以成功安装。

本节小结

了解 CocoaPods 的工作原理，了解创建 Pod 库的具体流程，并通过创建私有库来做代码分离。

6.3　子控制器

UIViewController 有一个 childViewControllers 数组属性,存储其管理的子控制器,一般用在当前控制器需要用作容器,并将显示内容分配到其他控制器来实现的场景,而这些"其他控制器"既然要在容器控制器中显示,就要被容器控制器所引用,通过 childViewController 的方式。

实际上我们经常会与容器控制器打交道,包括最常用的 UINavigationController、UITabBarController 以及前几年很流行的侧边栏的结构,其实现都是在当前控制器管理子控制器,对子控制器的 view 进行调度和展示。有意思的是,虽然我们经常使用 UINavigationController 和 UITabBarController,在获取其管理的子控制器时,并不是通过 childViewControllers,而是直接通过另一个类似的属性 viewControllers 来获取,虽然打印其结果显示其存储的内容都是一样的,但 childViewControllers 是容器本身对子控制器进行管理的根据,其增减都是不需要开发者知晓和维护的,如果开发者想了解,就通过 viewControllers 接口来获取。

或许读者很少用到甚至见过使用 childViewController 来进行开发的场景,但实际上,却有很多场景是适合用 childViewController 来做的,并且有很明显的优势。举个简单的使用场景,如果你的手机中有各大电商的应用,打开订单列表,可以发现大多数的订单列表如图 6-16 所示。

啊哦,您还没有相关的订单~

在同一个页面中,有多种状态,每种状态都是一个列表,而这些列表都是相似的,这就是 childViewController 的使用场景中的一种。接下来介绍具体用法。

创建一个新工程,基于 UINavigatController,之所以基于 UINavigationController 第一是因为导航栏比较常见,二是由于需要放置一个 UISegmentControl 来触发切换 childViewController。接着需要创建两个 UIViewController 的子类作为 ViewController 的 childViewController,为 FirstViewController 和

图 6-16　子控制使用示例

SecondViewController,两者为了区分,在其中部加一个 Label,title 为控制器的名称,这里便不展示这两个控制器的实现代码了。

我们看一下 ViewController。ViewController 是创建工程系统自动生成的,我们在 Storyboard 中将其嵌套在 UINavigationController 中。ViewController 的代码如下。

```
// ViewController.m
# import "ViewController.h"
# import "FirstViewController.h"
```

```objc
# import "SecondViewController.h"

@interface ViewController()
@property(nonatomic, strong) UISegmentedControl * segmentControl;
@property(nonatomic, strong) UIViewController * firstVC;
@property(nonatomic, strong) UIViewController * secondVC;
@end

@implementation ViewController

- (void)viewDidLoad {
    [super viewDidLoad];

    self.segmentControl = [[UISegmentedControl alloc] initWithItems:@[@"First",
@"Second"]];
    self.segmentControl.selectedSegmentIndex = 0;
    [self.segmentControl addTarget:self action:@selector(segmentControlValueChanged:)
forControlEvents:UIControlEventValueChanged];
    self.navigationItem.titleView = self.segmentControl;

    self.firstVC = [[FirstViewController alloc] init];
    [self addChildViewController:self.firstVC];
    [self.firstVC didMoveToParentViewController:self];

    self.secondVC = [[SecondViewController alloc] init];
    [self addChildViewController:self.secondVC];
    [self.secondVC didMoveToParentViewController:self];

    [self.view addSubview:self.firstVC.view];

    [self addNewViewController:self.firstVC andRemoveOldViewController:nil];
}

- (void) addNewViewController:(UIViewController *)newVC andRemoveOldViewController:
(UIViewController *)oldVC {
    if (oldVC) {
        [oldVC.view removeFromSuperview];
    }
    newVC.view.frame = self.view.bounds;
    [self.view addSubview:newVC.view];
}

- (void)segmentControlValueChanged:(UISegmentedControl *)sender {
    if (sender.selectedSegmentIndex == 0) {
        [self addNewViewController:self.firstVC andRemoveOldViewController:self.secondVC];
    } else {
        [self addNewViewController:self.secondVC andRemoveOldViewController:self.firstVC];
    }
}
@end
```

在代码中可以看到，我们在创建 FirstViewController 和 SecondViewController 实例后，分别将其设置为当前控制器的子控制器，之后则调用 firstVC 和 secondVC 的 didMoveToParentViewController：方法表示已经添加到容器控制器中了。并且之后将 firstVC. view 添加在当前控制器的 view 上，这样默认第一个 view 则显示出来了。每当我们单击 UISegmentControl 进行切换时，会将之前的子控制器 view 先 removeFromSuperView，再把要展示的子控制器 view 添加到容器控制器的 view 上，如此便实现了 childViewController 的功能，效果如图 6-17 所示。

图 6-17　子控制器展示

效果已经实现了，并且实现的过程也比较简单，但其中有些内容还需要再说明一下。在上面的代码中，我们使用了一个方法：

```
- (void)didMoveToParentViewController:(nullable UIViewController * )parent
```

寻找到该方法的定义可以看到，这是在 UIViewController. h 中自 iOS 5 就有的方法，同时还有一个方法：

```
- (void)willMoveToParentViewController:(nullable UIViewController * )parent
```

这两个方法是系统自带的，用于在 childViewController 的场景下使用，但需要有注意的地方。实际上，这两个方法需要容器控制器在 childViewController 切换时由 childViewController 去调用，它们都有一个相同的参数，即 childViewController 的容器视图控制器。既然是由 childViewController 去调用，那么你可能以为，在容器控制器 addChildViewController 之前调用[childVC willMoveToParentViewController：self]，之后调用［childVC didMoveToParentViewController：self］就可以，移除的时候同理，只是参数为nil。实际上并非如此，由于父视图控制器与子视图控制器的关系略显复杂，我们在将子视图控制器添加到父视图控制器上的操作时，并不需要先调用 willMoveToParentViewController：，这个调用已经在父视图控制器调用 addChildViewController：方法内部帮助开发者完成了，但系统不会知道你什么时候已经真正添加到父视图控制器上，可能这其中还会有个过渡效果。相反的是，当子控制器需要从父视图控制器上移除，则需要手动调用［childVC willMoveToParentViewController：nil］，而［childVC removeFromParentViewController］则会帮我们自动调用［childVC didMoveToParentViewController：nil］方法。虽然在我们的示例代码中，并没有涉及去 remove 子视图控制器，但如果情况比较复杂时，可以考虑暂时释放某些不常用的子视图控制器，等需要的时候再加载进来。

介绍完了 childViewController 的使用方法和注意点。再从开发角度上来考虑使用 childViewController 的优点：①业务代码分散，更清晰，例如开头提到的电商订单列表的页面，如果全部放在一个页面去做，复杂度过大，整个代码会显得杂乱，而在子页面则方便每一种类进行自我管理。②懒加载，页面真正需要出现时才会加载到内存中，性能更优。③使用方便，仅仅一个添加子控制器的操作以及增减显示的 view 方法，远比多个 UITableView 要好用得多。

本节小结

（1）可以利用子控制器实现代码拆分，将展示的内容和业务逻辑由子控制器自己管理；

（2）了解子控制器的工作原理，以及定制化容器控制器。

6.4　APP 状态恢复

作为开发者我们了解，苹果对 APP 的要求相当高，为了提升应用的流畅度、内存使用、电量消耗，在各个方面都做了限制和优化，例如，当 APP 占用内存达到某一界限后，就会触发内存警告；在进入后台时如果没有特殊"申请"，将只能运行一小段时间就被挂起，如果时间稍微长一些或者有别的 APP 占用过多内存，当前 APP 就会被"杀死"。杀死后再次打开则又会重新启动，这种情况在配置较低的机型上会非常常见，虽然我们不能直接控制手机的内存使用，也很少可以使 APP 的内存优化提高一个级别，这都是客观的因素，从主观方面，系统为这种情形提供了一种解决方案，那就是 UIStateRestoration，APP 状态恢复。

UIStateRestoration 是 iOS 6 开始的系统自带，用户存储和恢复 APP 的界面和状态，使 APP 在后台被系统杀死的情况下，再次打开给用户造成一种 APP 一直在运行的假象，当然用户肯定是愿意看到这些的，因为不需要重新启动 APP 就能使用，作为一个公司的 APP 产品来说，也是提高用户体验的一部分。

首先介绍一下 UIStateRestoration 涉及的一些概念和 API，然后分析 APP 是如何做状态恢复的。

我们先从 UIApplication 开始看，在 UIApplication.h 的所有 UIApplicationDelegate 方法列表中，有几个是 State Restoration 协议的，这些已经被 AppDelegate 实现，并对外暴露出来让用户做状态存储和恢复。先看一下这几个方法。

```
 - (nullable UIViewController *) application:(UIApplication *)application viewControllerWi
thRestorationIdentifierPath:(NSArray *) identifierComponents coder:(NSCoder *) coder NS_
AVAILABLE_IOS(6_0);
 - (BOOL) application:(UIApplication *)application shouldSaveApplicationState:(NSCoder *)
coder NS_AVAILABLE_IOS(6_0);
 - (BOOL) application:(UIApplication *)application shouldRestoreApplicationState:(NSCoder
*)coder NS_AVAILABLE_IOS(6_0);
 - (void) application:(UIApplication *) application willEncodeRestorableStateWithCoder:
(NSCoder *)coder NS_AVAILABLE_IOS(6_0);
 - (void) application:(UIApplication *) application didDecodeRestorableStateWithCoder:
(NSCoder *)coder NS_AVAILABLE_IOS(6_0);
```

第一个方法是根据已注册的 RestorationId 列表,来返回对应的控制器,这是 UIApplication 层面的,对应的 UIViewController 也有个类似的方法扩展,使用 UIViewController 的扩展方法来返回当前的控制器更方便管理,所以这里的这个方法可以不用实现。

第二个方法判断是否需要存储 APP 的状态,这在 APP 进入到后台时会触发,可以在此方法中判断是否有必要对 APP 的状态进行存储。

第三个方法判断是否需要恢复 APP 的状态,这个在 APP 重新启动时会触发,但需要注意的一点是,这个方法会在 AppDelegate 的 willFinishLaunchingWithOptions 和 didFinishLaunchingWithOptions 方法中直接调用,如果该处返回 YES,则会执行一系列状态恢复的操作,包括初始化并跳转到控制器等,所以如果没有使用 StoryBoard 的话,我们创建 Window 以及一些必要的初始化方法应该在 willFinishLaunchingWithOptions 中执行。在返回 YES 之前,还有一些需要注意的事项,例如权限操作、登录失效等,这些情况下都不应该使 APP 状态得到恢复,读者们应该引起注意!

第四个方法是 APP 将要对当前状态 encode 并存储起来,encode 包括控制器的控件以及数据,还会有一份当前界面的截图,用于状态恢复时替换启动图的。所以在 encode 之前,需要存储一些无关紧要的数据,官方建议存储一些与界面关联性不大的东西。如果没有,那就放一个空方法。

第五个方法是 APP 重新启动后调用,在第三个方法返回 YES 之后并且在 APP 恢复所涉及的控制器的 viewDidLoad 之后,viewWillAppear 之前,之后才是 didFinishLaunching-WithOptions。也就是说,当 APP 重新启动时,这些方法的调用顺序是:application:didDe-codeRestorableStateWithCoder → viewDidLoad → viewWillAppear → didFinishLaunching-WithOptions,可见和我们经常在 didFinishLaunchingWithOptions 里面创建一系列控制器是不一样的。我们在第五个方法中一般做一些 APP 的数据准备等一些恢复完成前的初始化操作,如果这些操作造成 crash,系统将忽略这次状态恢复,而不会让整个应用崩溃,这是用户友好的机制,也是开发者很少见的不会造成 APP 崩溃的情形。如果在这个方法中需要有异步的操作,官方给出了一个实例代码,如下。

```
 - (void) application:(UIApplication *) application didDecodeRestorableStateWithCoder:
(NSCoder *)coder{
```

```
    [[UIApplication sharedApplication] extendStateRestoration];
    dispatch_queue_t globalQueue = dispatch_get_global_queue(DISPATCH_QUEUE_PRIORITY_
DEFAULT, 0);
    dispatch_async(globalQueue, ^{
        dispatch_async(dispatch_get_main_queue(), ^{
            [[UIApplication sharedApplication] completeStateRestoration];
        });
    });
}
```

在异步操作开始前调用[[UIApplication sharedApplication] extendStateRestoration]，异步操作完成后执行[[UIApplication sharedApplication] completeStateRestoration]；

AppDelegate 中的方法实现了 UIApplicationDelegate 中的协议。介绍完了在 AppDelegate 中的相关方法，下面介绍在 UIViewController 中涉及的方法，在 UIViewController 中的相关方法则是基于 UIViewController 的一个叫 UIStateRestoration 的 extension。

UIStateRestoration 的内容如下。

```
@interface UIViewController (UIStateRestoration) <UIStateRestoring>
@property (nullable, nonatomic, copy) NSString * restorationIdentifier NS_AVAILABLE_IOS(6_0);
@property (nullable, nonatomic, readwrite, assign) Class < UIViewControllerRestoration >
restorationClass NS_AVAILABLE_IOS(6_0);
- (void) encodeRestorableStateWithCoder:(NSCoder * )coder NS_AVAILABLE_IOS(6_0);
- (void) decodeRestorableStateWithCoder:(NSCoder * )coder NS_AVAILABLE_IOS(6_0);
- (void) applicationFinishedRestoringState NS_AVAILABLE_IOS(7_0);
@end
```

第一个属性是标志着当前控制器对应的恢复标识符，其实这个属性在使用 StoryBoard 和 Xib 时会经常见到，在工具栏的 Identity inspector 下，会有一个 Restoration ID，或者有的控制器的 Restoration ID 的下面会有一个复选框——Use StoryBoard ID，即与 StoryBoard ID 一致，这个与该属性是一致的，如果不用 StoryBoard 或 Xib，纯代码情况下应该设置该属性。这个属性用于该控制器加载 encode 对应的键值。

第二个属性是返回一个实现 UIViewControllerRestoration 协议的类，而这个 UIViewControllerRestoration 协议的方法为：

```
+ (nullable UIViewController * ) viewControllerWithRestorationIdentifierPath:(NSArray * )
identifierComponents coder:(NSCoder * )coder
```

正如上面所说的 AppDelegate 中的第一个方法，与该方法很类似，并且之前也提到过，AppDelegate 中 State Restoration 协议的第一个方法是 UIApplication 层级的管理所有 Restoration ID 的地方，并且该方法调用是在 shouldRestoreApplicationState 之后 didDecodeRestorableStateWithCoder 之前，而对应地在 UIViewController 中，该方法调用是在控制器的 viewDidLoad 之前。事实上，该方法是在恢复状态 decode 之前，系统拿着一系列的 identifierComponents，表明要恢复对应的实例。举个简单的例子，状态的存储和恢复好比去银行存钱，你的现金存到银行，银行会给你一个存折，这个存折里的每一个存款记录就是一个 id,后面如果你要取钱的话,可以根据每一个存款记录拿出对应的钱,当然首先要指明取出的是哪一项存款,这个方法的 identifierComponents 数组,就是你的存款项,根据这个 identifierComponents 数组,恢复对应的实例对象。关于这个数组很有意思,例如 APP 状态恢复时,用每个控制的该方法时,打印出来的每一项都有一个规律,例如,一个基于 UINavigationController 的 UIViewController,打印的结果的数组是 UINavigationController 的 Restoration ID 和 UIViewController 的 Restoration ID,如果再 model 出一个基于 UINavigationController2 的 UIViewController2,则打印的数组顺序分别为 UINavigationController、UINavigationController2、UIViewController2 的 Restoration ID,这是有一定的嵌套关系的,并且当前控制器的 Restoration ID 可以通过该数组的 lastObject 获取。

介绍完了两个属性,紧接着介绍第一个方法,该方法在系统准备存储 APP 状态时调用,可以在该方法中加上一些自定义的值存储,方便后面状态恢复时直接取用。注意这里是重写 UIViewController 的方法,不是对协议的实现,需要调用 super 的该方法。

第二个方法是 APP 状态恢复时 decode 调用的,刚才存储的自定义值,可以在该方法中重新获得。注意也需要调用 super 的该方法。

第三个方法在 AppDelegate 中介绍的最后一个方法调用之后,表明此时 APP 的状态恢复以及完成,我们的控制器已经创建好了,所需的数据也已经拿到了,所以可以在该方法中进行一些例如列表刷新的操作。

所有涉及状态存储和恢复的逻辑和概念已经介绍完毕,接下来通过一个实际 demo 来演示我们的 APP 状态恢复。

首先创建一个 Single View Application,名称自定,然后打开 Main. storyboard,选中 ViewController,选择菜单 Editor→Embed In→Navigation Controller,这样便把一个单的 UIViewController 改成基于 UINavigationController 的结构。我们 demo 的作用是一级页面有一个 UILabel 作为显示用,还有一个 UIButton 用于跳转下级页面,在二级页面中是一个 UITextView,可以在该页面进行文字编辑,再 update 到一级页面的 UILabel 上显示。这是一个很普通的页面跳转加反向传值的示例。

我们先不涉及状态恢复的代码,这部分等 demo 基本完成再一步步加入到工程中来。

AppDelegate 中代码不动,首先看一下 ViewController 中的代码。

```objc
// ViewController.m
#import "ViewController.h"
#import "EditViewController.h"

@interface ViewController()<EditViewControllerDelegate>
@property(nonatomic, strong) UILabel * textLabel;
@property(nonatomic, strong) UIButton * editButton;
@end

@implementation ViewController

- (void)viewDidLoad {
```

```
    [super viewDidLoad];

    self.textLabel = [[UILabel alloc] initWithFrame:CGRectMake(0, 100, CGRectGetWidth
([UIScreen mainScreen].bounds), 50)];
    self.textLabel.textColor = [UIColor blackColor];
    self.textLabel.font = [UIFont systemFontOfSize:20];
    self.textLabel.textAlignment = NSTextAlignmentCenter;
    self.textLabel.numberOfLines = 0;
    self.textLabel.text = @"default text";
    [self.view addSubview:self.textLabel];

    self.editButton = [UIButton buttonWithType:UIButtonTypeCustom];
    self.editButton.frame = CGRectMake(0, 300, CGRectGetWidth([UIScreen mainScreen].
bounds), 50);
    [self.editButton setTitle:@"push to edit" forState:UIControlStateNormal];
    [self.editButton setTitleColor:[UIColor blueColor] forState:UIControlStateNormal];
    [self.editButton addTarget:self action:@selector(editButtonClick) forControlEvents:
UIControlEventTouchUpInside];
    [self.view addSubview:self.editButton];

}

- (void)editButtonClick {
    EditViewController * vc = [EditViewController new];
    vc.delegate = self;
    [self.navigationController pushViewController:vc animated:YES];
}

#pragma mark - EditViewControllerDelegate
- (void)editViewController:(EditViewController *)vc didEditText:(NSString *)text {
    self.textLabel.text = text;
}
@end
```

可以看到,在 ViewController 中只有一个 UILabel 和一个 UIButton,功能前面已经简单介绍过,UIButton 的点击事件是跳转到 EditViewController,并设置 ViewController 为其 delegate,遵循的协议方法是最后一个,将传过来的字符串赋给当前 UILabel。接着看一下 EditViewController:

```
// EditViewController.h
#import <UIKit/UIKit.h>
@class EditViewController;
@protocol EditViewControllerDelegate <NSObject>
- (void)editViewController:(EditViewController *)vc didEditText:(NSString *)text;
@end

@interface EditViewController : UIViewController
@property (nonatomic, weak) id<EditViewControllerDelegate> delegate;
```

```
@end
// EditViewController.m
#import "EditViewController.h"
@interface EditViewController()
@property(nonatomic, strong) UITextView * textView;
@end

@implementation EditViewController
- (void)viewDidLoad {
    [super viewDidLoad];

    self.view.backgroundColor = [UIColor whiteColor];
    self.title = @"EditViewController";
    self.navigationItem.rightBarButtonItem = [[UIBarButtonItem alloc] initWithTitle:@
"update" style:UIBarButtonItemStylePlain target:self action:@selector(rightBarButtonItemClick)];

    self.textView = [[UITextView alloc] initWithFrame:self.view.bounds];
    self.textView.backgroundColor = [UIColor cyanColor];
    [self.view addSubview:self.textView];
}

- (void)rightBarButtonItemClick {
    if ([self.delegate respondsToSelector:@selector(editViewController:didEditText:)]) {
        [self.delegate editViewController:self didEditText:self.textView.text];
    }
    [self.navigationController popViewControllerAnimated:YES];
}
@end
```

在 EditViewController.h 中包含的是一个协议,以及 EditViewController 的一个遵循该协议的代理属性。在 EditViewController 实现中,是占据整个 EditViewController 的 view 的 UITextView,还有一个 rightBarButtonItem,用于触发代理方法。

我们的 demo 很简单,运行之后可以很简单地实现二级页面传值,逻辑也不复杂,每当重新启动工程后,显示的页面还是从头开始。接下来便要在此基础上,实现 APP 的状态恢复功能。

先从 AppDelegate 开始,添加如下几个方法。

```
// AppDelegate.m
#import "AppDelegate.h"
@interface AppDelegate()
@end
@implementation AppDelegate

- (BOOL)application:(UIApplication *)application willFinishLaunchingWithOptions:(NSDictionary
*)launchOptions {
    return YES;
}
```

```
- ( BOOL ) application: ( UIApplication  * ) application didFinishLaunchingWithOptions:
(NSDictionary *)launchOptions {
    return YES;
}

- (BOOL)application:(UIApplication  * ) application shouldSaveApplicationState:(NSCoder
* )coder {
    return YES;
}

- (BOOL)application:(UIApplication  * )application shouldRestoreApplicationState:(NSCoder
* )coder {
    return YES;
}

- (void) application:(UIApplication  * ) application willEncodeRestorableStateWithCoder:
(NSCoder * )coder {

}

- (void) application:(UIApplication  * ) application didDecodeRestorableStateWithCoder:
(NSCoder * )coder {
}
@end
```

在我们的实例 demo 中，既涉及 StoryBoard 的导航栏控制器和 ViewController，也有纯代码的 EditViewController，兼顾读者的实际需求。但如果你是使用纯代码创建 Window 以及根视图控制器的话，则需要将这部分代码放到 willFinishLaunchingWithOptions 中，因为状态恢复的一整套逻辑都在 willFinishLaunchingWithOptions 和 didFinishLaunchingWithOptions 之间。由于我们这部分是 StoryBoard，所以不用做什么。接下来两个方法是 shouldSaveApplicationState 和 shouldRestoreApplicationState，既然我们准备做 APP 状态恢复，则从简单方面考虑就直接 return YES，开发者可以根据实际需要来加入一些逻辑，例如一些特定情况下就不用恢复状态了。最后两个方法是空方法，暂时用不到。

在 ViewController 中，添加如下一些相关的代码。

```
# pragma mark -
- (void)encodeRestorableStateWithCoder:(NSCoder * )coder {
    [super encodeRestorableStateWithCoder:coder];
    [coder encodeObject:self.textLabel.text forKey:@"textLabel.text"];
}
- (void)decodeRestorableStateWithCoder:(NSCoder * )coder {
    [super decodeRestorableStateWithCoder:coder];
    self.textLabel.text = [coder decodeObjectForKey:@"textLabel.text"];
}
```

这两个方法用于存储和恢复 ViewController 上 UILabel 的字符串。到这里并没有结束，还需要在 Main.StoryBoard 中给 UINavigationController 和 ViewController 对应的 Xib 设置 Restoration ID，分别设置为@"navigationController"和@"viewController"。

至此,对于 ViewController 的恢复已经完成,可以先看一下效果,按照以下顺序进行。

(1)运行;

(2)跳到 EditViewController,填写一些文字,单击 update;

(3)按 Home 键退到后台;

(4)杀掉应用(不是删除),重新启动。

可以看到,ViewController 的 UILabel 已经显示了上次保留的字符串,并且启动页面也换成了 ViewController 的界面,仿佛应用没有被杀掉,一直存在于后台。再回顾一下上面的过程,首先第一步和第二步是普通的界面逻辑,第三步退到后台(这一步并不一定是按 Home 键,也有可能是单击推送跳转到其他应用,或者连按两次 Home 键直接跳到其他应用),系统询问是否需要存储 APP 状态,返回 YES,然后 ViewController 开始 encode 方法,第四步杀掉应用,模拟应用被各种情况杀死,重新启动,系统询问是否需要恢复 APP 状态,返回 YES,由于 UINavigationController 和 ViewController 都是基于 StoryBoard,所以只是简单进行一个 decode 方法。

到此为止,我们只给 UINavigationController 和 ViewController 做状态恢复,还没有给 EditViewController 做,所以如果在上面的步骤第三步之前再次跳到 EditViewController,然后才执行第三步,最后重启应用,恢复到的还是 ViewController 的界面。但由于我们的 UINavigationController 和 ViewController 是基于 StoryBoard 的,在恢复时系统会自动根据 StoryBoard 帮我们生成其实例对象,但对于 EditViewController 来说,需要手动来做这一步。

那么接下来就给 EditViewController 做状态恢复。最后 EditViewController.m 中的代码如下。

```
// EditViewController.m
# import "EditViewController.h"
@ interface EditViewController()<UIViewControllerRestoration>
@ property(nonatomic, strong) UITextView * textView;
@ end
@ implementation EditViewController

- (instancetype)init {
    if (self = [super init]) {
        self.restorationIdentifier = @"EditViewController";
        self.restorationClass = EditViewController.class;
    }
    return self;
}

- (void)viewDidLoad {
    [super viewDidLoad];

    self.view.backgroundColor = [UIColor whiteColor];
    self.title = @"EditViewController";
```

```
    self.navigationItem.rightBarButtonItem = [[UIBarButtonItem alloc] initWithTitle:@"update"
style:UIBarButtonItemStylePlain target:self action:@selector(rightBarButtonItemClick)];

    self.textView = [[UITextView alloc] initWithFrame:self.view.bounds];
    self.textView.backgroundColor = [UIColor cyanColor];
    [self.view addSubview:self.textView];
}

- (void)rightBarButtonItemClick {
    if ([self.delegate respondsToSelector:@selector(editViewController:didEditText:)]) {
        [self.delegate editViewController:self didEditText:self.textView.text];
    }
    [self.navigationController popViewControllerAnimated:YES];
}

#pragma mark -
- (void)encodeRestorableStateWithCoder:(NSCoder *)coder {
    [super encodeRestorableStateWithCoder:coder];
    [coder encodeObject:self.textView.text forKey:@"textView.text"];
}

- (void)decodeRestorableStateWithCoder:(NSCoder *)coder {
    [super decodeRestorableStateWithCoder:coder];
    self.textView.text = [coder decodeObjectForKey:@"textView.text"];
}

+ (UIViewController *) viewControllerWithRestorationIdentifierPath: (NSArray *)
identifierComponents coder:(NSCoder *)coder {
    EditViewController * vc = [[EditViewController alloc] init];
    return vc;
}
@end
```

我们在 EditViewController 的初始化方法中,给其赋值了 restorationIdentifier 和 restorationClass,同时实现了所需的协议方法:

```
+ (UIViewController *) viewControllerWithRestorationIdentifierPath: (NSArray *)
identifierComponents coder:(NSCoder *)coder
```

在该方法中返回了一个 EditViewController 对象,值得注意的是,只要我们给 restorationClass 属性赋值,则其所属类不管是纯代码还是 StoryBoard,都会通过上面这个类方法来获取状态恢复时所需要的实例对象。这样我们对于 EditViewController 的状态恢复也做好了。

但是到此处还有一个问题,就是我们的示例 demo 是基于 StoryBoard 来实现的,而在实际开发中,有很多项目并没有采用 StoryBoard 来启动工程,而是通过代码来实现的。所以我们不仅需要把创建 UIWindow 和根控制器的代码移到 willFinishLaunchingWithOptions 方法中,还有一个需要注意的地方:假设我们的工程是基于 UINavigationController 的,并且没有基于 StoryBoard 而是纯代码实现的,那这种情况需要如何实现状态恢复呢?每个控制的类方法 viewControllerWithRestorationIdentifierPath 都是返回自己本身,而 UINavigationController 的初始化方法还需要一个根控制器对象,这该如何实现呢?例如本例中,并不是 push 到 EditViewController,而是 present 一个带有导航栏控制器的 EditViewController,那么就需要让这个控制器实现 UIViewControllerRestoration 协议,并在这个协议方法中直接返回自身,不用带根控制器。

```
// HHNavigationController 为该种情景下的一种 UINavigationController
+ (UIViewController *)viewControllerWithRestorationIdentifierPath:(NSArray *)identifier
Components coder:(NSCoder *)coder {
    HHNavigationController * nav = [[HHNavigationController alloc] init];
    return nav;
}
```

本节小结

至此,本节关于 APP 状态恢复的内容就讲完了,笔者对此有一些看法。首先 APP 状态恢复是一个很好的技能,通过状态恢复可以使用户产生 APP 一直存在于后台,从未被杀死,也不用看一系列的启动图再进入首页,这是非常好的;其次在 APP 状态恢复的过程中,如果出现问题,并不会导致 crash,而且被系统忽略,这是用户友好的行为。但状态恢复虽然很方便,而且不会造成崩溃,还是需要适量使用,一般在一些主要界面中使用,或者一级页面和部分二级页面中使用,千万不要过多使用,原因有二:其一,过多地使用会增加逻辑的复杂性,且没有必要;其二,虽然给用户感觉应用没有被杀死,但实际还是在 didFinishLaunchingWithOptions 方法之前创建了一些控制器,仍然是走 APP 启动的一套逻辑,如果状态恢复的页面过多,则会使启动时间加长,以及瞬间的内存暴涨。

6.5　APP 编译过程

对于大部分的开发语言来说,可以简单分为两大类:编译式语言和解释性语言。编译式语言是在执行时通过编译器生成可以直接在 CPU 上运行的机器码,因此运行效率较高,其代表有 C++、Objective-C、Java 等;而解释性语言不需要预先将代码编译成机器码,而是通过解释器一行一行将代码语句转换为编译成机器码的一个或多个子程序,代表语言有 JavaScript、Python 和 Ruby。相比而言,解释性语言的效率要低一些,但编写方式更加灵活。

就 iOS 目前来说,开发语言为 Objective-C 和 Swift,这二者都是编译语言,都是需要通过编译器编译过后才能执行,编译方式是通过 Clang+LLVM,且原理都比较类似。

不仅可以编译 Objective-C 和 Swift,Clang 还可以编译 C 语言和 C++,是一个比较轻量级的编译器。而 LLVM(Low Level Virtual Machine)提供对编译器的支持,能够提供程序语言的编译期优化、链接库优化、代码生成等功能。LLVM 并不是编译器,可以看作编译器的辅助或后台。然而一开始和 LLVM 搭配的并不是 Clang,而是 GCC。GCC 本身过于庞大,并且对当时的唯一开发语言 Objective-C 支持得并不是很好,使其优先级很低,加上对

Xcode 支持性很差以及许可证方面的原因,导致苹果最终放弃 GCC,且基于 LLVM 又开发出一套 Clang 编译器。

上面介绍了 GCC 和 Clang 两种编译器的历史,下面分别总结一下两者的特点。

GCC 编译器:

(1) 支持 Java、FORTRAN 等一些比较久远的开发语言;

(2) 对 C++的支持性更好;

(3) GCC 跨平台。

Clang 编译器:

(1) 速度快,包括预处理、语法分析、语义分析等都比 GCC 快;

(2) 占用内存更小,Clang 占用内存大概是源码的 130%,而 GCC 则超过 10 倍;

(3) 对 GCC 兼容;

(4) 模块化设计,结构清晰,耦合度低,便于扩展。

自从 Clang 正式上位后,二者的关系为:Clang 作为编译器前端,LLVM 作为编译器后端,二者共同组成宏观意义上编译器的概念。其大致协同工作的流程如图 6-18 所示。

下面根据以上这三个步骤来逐个讲解。

Clang 作为编译器前端,主要工作是进行语法分析,语义分析和生成中间代码。在此过程中会进行类型检查,我们通常遇到的类型错误就是由 Clang 帮我们找出的,其原理也是通过词法分析来实现的,还有我们在 Xcode 所用的静态分析工具也是 Clang 实现的。较为完整的功能列表如图 6-19 所示。

图 6-18　编译器关系　　　　　　　　图 6-19　Clang 功能列表

LLVM 作为编译器后端,主要作用是进行机器无关代码优化,生成机器语言,并且对机器相关的代码优化。

LLVM 优化器会生成 BitCode,进行链接期优化等,如图 6-20 所示。

LLVM 机器码生成器会根据不同 CPU 架构,生成不同的机器码,除此之外还有以下作用,如图 6-21 所示。

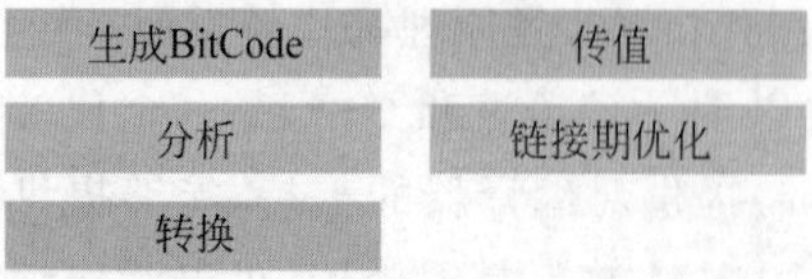

图 6-20　LLVM 功能列表(1) 　　　　　　图 6-21　LLVM 功能列表(2)

以上介绍了 Clang 和 LLVM 的不同分工内容。接下来具体说明，Xcode 在编译工程时到底发生了什么。

当单击 Build 按钮时，或者按 Command ＋ B 组合键，会执行如下过程。

（1）编译信息写入辅助文件，创建编译后的文件架构（ProjectName.app）；

（2）处理文件打包信息；

（3）执行 CocoaPods 编译前脚本（例如对 CocoaPods 工程执行 CheckPods Manifest .lock 命令）；

（4）编译各个.m 文件，使用 Compile 和 Clang 命令；

（5）链接需要的 Framework，例如 Foundation.framework；

（6）编译 Xib 和 StoryBoard 文件；

（7）复制 Xib、StoryBoard 以及图片（这里指放在普通文件夹下的图片）等资源到指定目录下；

（8）将 Images.xcassets 或者 Assets.xcassets 打包成 Assets.car；

（9）处理 Info.plist；

（10）执行 CocoaPods 脚本；

（11）复制 Swift 标准库；

（12）创建.app 文件以及对其签名。

说明：

第四步中，利用 Clang 命令将类的实现文件（.m）在命令中加入各项参数。例如我们最简单的一个 Clang 编译命令：

```
$ clang - fobjc - arc - framework Foundation HelloWord.m - o HelloWord
```

对于 Clang 命令的参数，有以下几项说明。

（1）-x Objective-C 指定了编译的语言。

（2）-arch x86_64 指定了编译的架构，类似还有 arm7 等。

（3）-fobjc-arc：一系列以-f 开头的，指定了采用 ARC 等信息。这也就是可以对单独的一个.m 文件采用非 ARC 编程的原因。

（4）-Wno-missing-field-initializers：一系列以-W 开头的，指的是编译的警告选项，通过这些可以定制化编译选项。

（5）-DDEBUG＝1：一系列以-D 开头的，指的是预编译宏，通过这些宏可以实现条件编译。

（6）-iPhoneSimulator10.1.sdk：指定了编译采用的 iOS SDK 版本。

（7）-I：把编译信息写入指定的辅助文件。

（8）-F：链接所需要的 Framework。

（9）-c：ClassName.c 编译文件。

（10）-o：ClassName.o 编译产物。

（11）-framework：表明引用基础框架。

在第六步和第七步操作中，会将 Xib 文件变为.nib 文件，而 StoryBoard 文件变为.storyboardc 文件。

如此,对于 iOS 项目的编译就大致分析完了。在本节中对苹果编译器的历史和特性展开分析,并介绍了 Clang＋LLVM 的工作原理,最后还列出了在 Build 下,Xcode 如何对项目进行编译的具体操作。最后,对于编译器来说,编译过程是编译器的主要功能,实现对应用的编译需要涉及编译器的很多工具和技术,这还只是 LLVM 强大功能的一部分,有兴趣的读者可以对 LLVM 进行深入的研究。

编译是开发中非常重要的一个部分,同时也是一个宽泛的概念,如果觉得以上理论过于复杂,其大致过程也可以分为:编译(真正的编译操作)、汇编、链接、代码签名。

这里的编译指的是由编译器完成的操作,包括预处理、词法分析、语法分析、语义分析、生成中间代码、生成目标代码以及代码优化等。

汇编是将由编译得到的目标代码通过汇编器,生成 CPU 可以直接执行的汇编指令,生成对应的符号表以及.o 文件。

链接包含静态链接和动态链接,将多个目标文件生成一个系统可执行的 Mach-O 文件。不过这里的链接为静态链接,是由动态链接器将目标文件与静态库链接到一起。至于动态链接是程序在执行时触发,将动态库链接到程序中,6.6 节会讲到。

签名是项目的整个编译过程即将结束时,将生成的.app 文件签名,任何对该文件的再修改都会造成与签名不符,如果系统检查签名不正确,则程序是不能被运行的。除此之外,在 Cocoapods 中的第三方库,如果以 Framework 的形式添加,则在生成 Framework 的同时,也是需要对其进行签名的,防止对 Framework 的修改。

本节小结

(1) 了解 Clang 和 LLVM 编译器的历史,以及各自的优缺点,现今主要以 LLVM 为主;

(2) Build 时经过了复杂的操作,其过程可以简单理解为:编译、汇编、链接以及签名。

6.6　APP 启动

6.5 节介绍了编译器对 iOS 应用程序编译的原理,编译一般是在运行之前或者是打包之前,对开发者的高级语言代码编译成 CPU 可执行的机器码,更多的是介绍编译器的作用和功能,而本节是介绍一个打包好的应用是如何在 iOS 设备上运行的。

或许读者看到过或遇到过这样的面试题:APP 启动是从哪里开始的? 有一些给出的答案是说从 main 函数开始的,因为 main 函数是程序代理 AppDelegate 的创建入口,自然也是整个应用的入口了。其实从宏观角度上来说是这样的,但是要认真起来,从具体的程序执行顺序来说,却不是这样的。

我们先直接创建一个工程,然后在 ViewController.m 中添加一个方法。

```
// ViewController.m
+ (void)load {
    NSLog(@"load");
}
```

然后到 main 函数的地方,也就是 main.m 中,顺便也加一个 NSLog:

```
// main.m
int main(int argc, char * argv[]) {
    @autoreleasepool {
        NSLog(@"main");
        return UIApplicationMain(argc, argv, nil, NSStringFromClass([AppDelegate class]));
    }
}
```

然后运行,可以看到打印的结果是:

```
load
main
```

不是说 main 函数是程序的入口吗?其实并不是这样的,在 main 调用之前,系统还有很多事情需要处理。

我们现在在 ViewController.m 的+load 方法中打上断点,然后重新运行。当工程执行到断点处时,可以在调试导航栏看到当前主线程的方法调用列表。

从图 6-22 中的调用顺序可以看到,是 dyld 启动之后,通过调用 call_load_methods 函数来调用所有实现了的+load 方法。那么 dyld 是什么?call_load_methods 函数是否是 dyld 调用的呢?

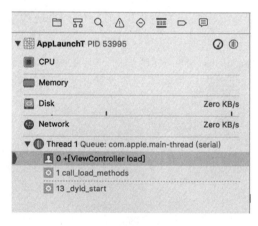

图 6-22　APP 启动线程调用

其实 dyld 的全拼为: the dynamic link editor,即动态链接器。动态链接器的作用是什么呢?实际上,当用户单击一个 APP,在未真正打开之前,系统会做好一系列事务,其中动态链接器会做一些重要的事情。

(1)首先,需要系统的内核 Kernel 为该应用创建一个内存空间,并为此创建一个进程,因此我们经常会说的一个应用就是进程。

(2)然后加载解析执行文件,也就是将我们的应用的可执行镜像文件复制到内存中,并根据其文件类型选择不同的加载函数。一般来说,对于 iOS 的 APP,我们的文件类型是 mach-o 类型,因此选择加载的方式是通过 exec_mach_imgact 来做处理,exec_mach_imgact 会分析 mach-o 文件的头信息、结构以及 imgp 等内容,然后将其映射到内存中。

（3）接着调用 load_machfile（）方法，该函数会调用 mach-o 中的各项加载各种 load commands 命令，我们在编译期经常会遇到 load command not found 这样的问题，这二者是相关的，只有在编译时确定一系列的 load command，这里才能通过 load_machfile 函数完成加载；紧接着会调用 parse_machfile（）方法对加载的命令进行扫描和解析。

（4）在上面的一步中，根据 mach_loader. c 的源码，如果对 load commands 扫描三次没有问题后，就会执行 load_dylinker（），准备启动动态链接器。

（5）如果之前 load commands 执行成功后，表示已经解析完 mach-o 文件，我们会得到其二进制文件的执行入口，但我们的线程还不会立即进入该入口，因为还要通过 load_dylinker（…）方法来加载动态链接器。通过这种方式加载应用的主程序，将 load commands 中指定的 dylib 以静态的方式存放到二进制文件中；另外还有一种动态链接的过程，就是通过 DYLD_INSERT_LIBRARIES 来动态指定。在 load_dylinker（）方法中，动态链接器会保存二进制文件的执行入口，并递归调用 parse_machfile（）方法，之后才设置线程的入口为 dyld 的入口点；动态链接器的 dyld 完成加载库的工作后，再将入口点设置回二进制文件的入口点。执行到_dyld_start_（）。

（6）动态链接器开始工作后，首先创建 ImageLoader 实例，且是一个二进制文件对应一个 ImageLoader，负责将二进制文件加载到内存中，包括文件中编译过的符号和代码，其过程是以递归的方式。

（7）当 dyld 加载完二进制文件和所有的符号之后（符号包含所有的 Class、Protocol、Selector、IMP 等），便会对系统库进行初始化操作。其中，系统库包含最重要的一个部分就是 runtime，系统库的初始化启用了 runtime，因此首先便是对 runtime 的初始化。初始化 runtime 是通过_objc_init（）方法来实现，调用了_objc_init（）方法，其中包含上面遇到的 call_load_methods（）方法，而该方法很容易理解是调用各个类以及 extension 的 load 方法。

（8）main（）方法调用。

详细过程如以上所述，简要描述见图 6-23。

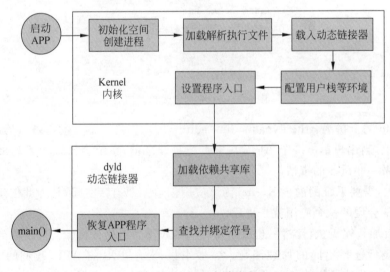

图 6-23　APP 启动流程

可以看到,或许我们只是不经意地单击了一下 APP,在 1s 左右的启动时间内系统竟然做了这么多事情,并且是在我们以为的程序入口 main()函数之前。除此之外,APP 的启动流程还包括代码的签名认证、虚存映射、触屏应用加载器等一系列事务,有兴趣的开发者可以对此进一步了解。

另外,在上面讲到的应用文件是 mach-o 的,可能会有的读者认为现在大多数应用都已经是 Universal Binary 的文件形式了,很少存在 mach-o 形式的文件。实际上,在我们编译打包的过程中,由于要支持不同架构 CPU 的设备(iPhone 4 和 4S 是 ARM v7,iPhone 5 和 5C 是 ARM v7s,iPhone 5s 及其以后是 ARM 64),我们打包出来的可执行文件是一个 Universal Binary 的形式,也称为通用二进制文件或者胖二进制文件。但其实 Universal Binary 形式的文件只是将不同架构下对应的 mach-o 文件打包在一起,再在文件起始部位加上 Fat Header 来说明所包含的 mach-o 文件支持的架构和偏移地址信息。这就是我们在实际开发中经常会遇到问题,就是打包后的文件包很大,并且不同的手机在 APP Store 中搜索该 APP 显示的大小却是不同的原因,是因为我们启用了 Universal Binary。刚刚说的这些是在编译打包中遇到的,但其实我们安装到手机上却只有某个固定的 mach-o 文件,并非 Universal Binary 形式。

另外再一起看一下 mach-o 的文件格式,本节中已经提及很多次的 mach-o 文件形式,那么什么是 mach-o?mach-o 的形式到底是什么样的结构呢?

虽然 iOS/OS X 都采用了类 UNIX 的 Darwin 操作系统核心,但在执行文件上,却没有支持 UNIX 的 ELF,而是维护了一个独有的二进制可执行文件格式 mach-object(简称 mach-o),mach-o 是 NeXTStep(乔布斯创建的苹果前身公司)的产物,文件格式如图 6-24 所示。

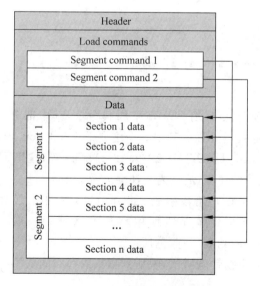

图 6-24 mach-o 文件格式

可以看到,mach-o 文件主要包含以下三个区域。

(1) Header,头部区域,在< mach-o/loader.h >头文件定义了 mach-o Header 的数据结构。

```
/*
 * The 32 - bit mach header appears at the very beginning of the object file for
 * 32 - bit architectures.
 */
struct mach_header{
    uint32_t magic;                  /* mach magic number identifier */
    cpu_type_t cputype;              /* cpu specifier */
    cpu_subtype_t cpusubtype;        /* machine specifier */
    uint32_t filetype;               /* type of file */
    uint32_t ncmds;                  /* number of load commands */
    uint32_t sizeofcmds;             /* the size of all the load commands */
    uint32_t flags;                  /* flags */
};

/* Constant for the magic field of the mach_header (32 - bit architectures) */
#define  MH_MAGIC  0xfeedface        /* the mach magic number */
#define  MH_CIGAM  0xcefaedfe         /* NXSwapInt(MH_MAGIC) */
```

以上引用代码是 32 位的文件头数据结构,< mach-o/loader. h >头文件还定义了 64 位的文件头数据结构 mach_header_64,两者基本没有差别,mach_header_64 多了一个额外的预留字段 uint32_t reserved,该字段目前没有使用。需要注意的是,64 位的 mach-o 文件的魔术值为 #define MH_MAGIC_64 0xfeedfacf。

(2) Load Command,加载命令:在 mach_header 之后的是加载命令,这些加载命令在 mach-o 文件加载解析时,被内核加载器或者动态链接器调用,指导如何设置加载对应的二进制数据段;Load Commend 的数据结构如下。

```
struct load_command{
    uint32_t cmd; /* type of load command */
    uint32_t cmdsize; /* total size of command in bytes */
};
```

OS X/iOS 发展到今天,已经有四十多条加载命令,其中部分是由内核加载器直接使用,而其他则是由动态链接器处理。其中几个主要的 Load Commend 为 LC_SEGMENT,LC_LOAD_DYLINKER, LC_UNIXTHREAD, LC_MAIN 等,这里不详细介绍,在< mach-o/loader. h >头文件中有简单的注释,后续内核还会涉及。

(3) Raw segment data,原始段数据:是 mach-o 文件中最大的一部分,包含 Load Command 中所需的数据以及虚存地址偏移量和大小;一般 mach-o 文件有多个段(Segment),每个段有不同的功能,一般包括:

① __PAGEZERO:空指针陷阱段,映射到虚拟内存空间的第一页,用于捕捉对 NULL 指针的引用。

② __TEXT:包含执行代码以及其他只读数据。该段数据的保护级别为:VM_PROT_READ(读)、VM_PROT_EXECUTE(执行),防止在内存中被修改。

③ __DATA:包含程序数据,该段可写。

④ __OBJC:Objective-C 运行时支持库。

⑤ __LINKEDIT：链接器使用的符号以及其他表。

一般的段又会按不同的功能划分为几个区（section），标识段-区的表示方法为（__SEGMENT.__section），即段所有字母大写，加两个下横线作为前缀，而区则为小写，同样加两个下横线作为前缀。

本节小结

（1）APP 的启动并非是从 main 函数开始的，在 main 函数之前，系统会做很多准备工作，包括创建内存空间和进程，加载可执行文件和动态链接库等。如果需要提升 APP 的打开速度，可以从这些方面入手。

（2）了解 mach-o 文件的形式和工作方式。

6.7 多线程

多线程是软件开发中不可避免的问题，是指从软件和硬件上实现多个线程并发执行的技术。硬件对多线程的支持主要体现在其多核 CPU，从而使 CPU 在同一时间可以处理多个线程，有效地利用多线程不仅可以充分利用 CPU 的资源，还可以加快任务处理的速度，从而提高程序的性能。

首先要区分经常容易混淆的两个概念：并行与并发。它们在名称上近似，在含义上却略有差异，开发者知道其差异，但经常会分不清到底哪一个是并行，哪一个是并发。简单地说，并行（Parallelism）是多个处理器在同一时刻处理多个不同的任务；并发（Concurrency）是单个处理器在某一时间内需要处理多个任务，而在某一时刻只处理一个任务。举个例子来说，并行好比煮一个鸡蛋要三分钟，煮十个鸡蛋也只要三分钟；并发好比吃一个鸡蛋要一分钟，吃十个鸡蛋却要十分钟，因为同一时刻只能吃一个鸡蛋。

另外需要注意的一点是，对于并发来说，是可以暂停当前的任务，而去处理优先级更高的任务，还可以回来继续执行之前的任务。而那种当前任务只有完成了才会去执行下一个任务，并不属于并发。对于并行来说，其每个处理器处理任务的方式也可能为并发。

在 iOS 开发中，我们对在代码中使用并行和并发的技术叫作多线程技术。

首先列一个并发的示例代码：

```
dispatch_async(dispatch_get_main_queue(), ^{
    //do something
    NSLog(@"1");
});
NSLog(@"2");
```

这是一段我们经常会在主线程或者其他线程内调用的代码。其主要功能是将要执行的任务代码添加到目标队列中异步调用。如果这段代码的执行环境是在主线程，则可以看作是一个很恰当的并发案例，而如果在其他线程，则是一个线程之间通信的案例。所谓的异步调用，是将任务扔到队列中在线程中靠竞争获得 CPU 的执行机会。

刚刚说到上面的示例代码，如果在主线程的开发环境中，可以看作是一个并发的案例，GCD 的异步代码会被放到主线程队列中作为一个较低优先级的任务，等待主线程空闲时才会执行。如果在子线程的开发环境中，一般经常用在子线程执行完耗时操作后通知主线程更新 UI 时用到。

再举一个并行的实例代码：

```
for (int i = 0; i<100; i++) {
    dispatch_async(dispatch_get_global_queue(0, 0), ^{
        NSLog(@"%@", [NSThread currentThread]);
    });
}.
```

我们在这段代码的 NSLog 这一行打上断点，然后开始运行，当程序执行到断点处，从图 6-25 可以看到 Debug 导航栏的所有线程信息。

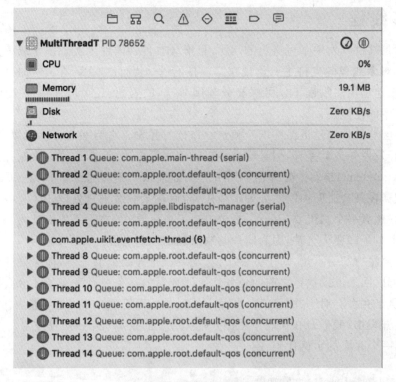

图 6-25 线程信息

这里列出了当前进程所有的执行线程，除了 Thread 1 是主线程，以及除了名为"com. apple. libdispatch-manager(serial)"和"com. apple. uikit. eventfetch-thread"这两个系统线程，其他的所有名为"com. apple. root. default-qos(concurrent)"的线程都是 GCD 为我们创建的子线程，并且随着一步步断点可以发现这里的线程会相应地增加，GCD 会根据设备的硬件情况创建适当个数的子线程，这些子线程都在 GCD 的线程池中被统一管理，开发者不用去关心线程的创建、销毁和调度。同时在这里看到，并行的每个线程都是并发(concurrent)。

6.7.1 GCD

既然说到了 GCD 的多线程使用方式，不得不介绍 GCD 的队列。我们在使用 GCD 来做多线程操作时,主要就是将要执行的代码放入相应的线程队列中。

在 GCD 中,我们接触最多的系统队列是主队列和全局队列,这两个分别对应的线程是主线程和 GCD 管理的线程池。除了系统提供的队列,开发者还可以自定义创建队列,方便管理。

并且对于队列来说,分为串行队列和并行队列,这两者都叫 GCD 的派发队列。串行队列执行任务是按照先入先出的顺序来执行,也就是说,当一个任务出队列去执行,必须执行完才能到下一个任务,任务执行结束的顺序和出队列的顺序一致;而对于并行队列来说,仅保证待执行任务出队是按照先入先出的顺序,而任务的执行结束顺序是任意的,并发队列执行任务是按照线程池中可用线程来执行任务,可能为一个线程也可能为多个,GCD 帮我们分发任务到某一线程,开发者在 GCD 中不需要太关心并发队列和线程直接的关系。

在 APP 启动时,系统会自动创建一个特殊的队列,叫作主队列(main queue),主队列与主线程是对应的,在主队列中的待执行任务出队列后将会被分配到主线程中执行。主线程实际上属于串行队列,串行队列是依次执行任务,所以不要在串行队列的任务中添加同步操作,这将会造成死锁。例如我们在主线程中执行以下代码:

```
NSLog(@"1");
dispatch_sync(dispatch_get_main_queue(), ^{
    NSLog(@"2");
});
NSLog(@"3");
```

除了主队列还有全局队列,与全局队列不同的是,主队列只对应主线程一个,而 GCD 为我们提供了不同优先级的全局队列,开发者可以用它来做并行操作。放到全局队列中的任务,会根据 CPU 的可用核数以及任务的优先级等情况来执行任务,虽然全局队列是并行队列,且同样会按照任务在队列中先入先出的顺序来执行任务,但需要注意的是,由于其队列可以同时对应多个线程,所以当一个任务出队执行时,要是系统资源够用的话,下个任务也会紧接着出队执行,并不一定要等前一个任务执行完成。

全局队列是并发队列(或者叫并行队列也可以,全局队列是串行的没有意义),执行的并行操作。系统总共提供了 4 种优先级的全局队列,按照优先级从高到低分别如下。

```
DISPATCH_QUEUE_PRIORITY_HIGH            //高优先级
DISPATCH_QUEUE_PRIORITY_DEFAULT         //默认优先级
DISPATCH_QUEUE_PRIORITY_LOW             //低优先级
DISPATCH_QUEUE_PRIORITY_BACKGROUND      //后台优先级
```

不同优先级的全局队列自然不同,更高优先级队列中的任务总是优先获得系统资源来执行任务,而低优先级队列中只有在高优先级队列中的任务执行结束才有机会执行,当低优先级任务执行过程中,高优先级队列加入一个新任务,且在系统资源不足的情况下,低优先级的任务必须马上暂停,让出资源给高优先级队列中的任务先执行。

上面介绍了串行队列和并发队列,这是队列的两种最基本结构,串行队列必须要一个任务执行完才能执行下个任务,而并发队列则会根据系统的资源情况,动态决定线程的执行个数,按照先入先出顺序连续出队执行多个任务。

　　既然串行队列是上一个任务执行结束才去执行下一个任务,那和同步操作又有什么区别呢? 首先,串行队列是队列的概念,而同步操作是队列中的执行任务概念;其次,串行队列上正常执行任务就是同步的概念,并不需要再添加同步任务,而在串行队列中添加异步操作的优先级降低,等串行队列空闲的时候才去执行这些异步操作。另外,串行队列保证了任务顺序执行,更具有抽象意义。

　　开发者可以自定义串行队列和并发队列,以下简单展示代码。

```
// 创建串行队列
dispatch_queue_t serialQueue = dispatch_queue_create("com.my.serial - queue", DISPATCH_
QUEUE_SERIAL);
dispatch_async(serialQueue, ^{
    //do something async
});
// 创建并发队列
dispatch_queue_t concurrentQueue = dispatch_queue_create("com.my.concurrent - queue",
DISPATCH_QUEUE_CONCURRENT);
dispatch_async(concurrentQueue, ^{
    // do something async
});
```

　　再次提醒,不能在串行队列中添加同步操作。可当执行以下代码时却发现并没有崩溃:

```
dispatch_queue_t serialQueue = dispatch_queue_create("com.my.serial - queue", 0);
dispatch_sync(serialQueue, ^{
    //do something sync
});
```

　　这是因为执行到这一段代码时的环境是主线程,并非是 GCD 的子线程,不在同一个线程没有发生死锁。因为只有在发生环境和任务执行环境都在串行队列中,才会发生死锁,例如以下两种错误示例。

```
// in main thread
dispatch_queue_t serialQueue = dispatch_queue_create("com.my.serial - queue", 0);
dispatch_sync(serialQueue, ^{
    // in thread A
    dispatch_sync(serialQueue, ^{
        // in thread A
    });
});
```

或者

```
// in main thread
dispatch_sync(dispatch_get_main_queue(), ^{
    // in main thread
});
```

以上简单介绍了通过 GCD 来实现多线程,避免直接与线程打交道,只需要获取到相应的队列,将任务扔到队列中就能够达到多线程的目的,对于其线程是由 GCD 的线程池来创建、销毁和派发任务。除此之外,GCD 还提供了其他关于多线程的 API,这里便不多介绍,有兴趣的读者可以自行了解学习这些知识点。

在 iOS 中,我们通常说到多线程实现主要有这几种:pthread、NSThread、GCD 和 NSOperation。其中,pthread 是一套跨平台的多线程体系,开发者需要自己对其管理,不经常使用,而 NSThread 是对 pthread 的面向对象的封装,使我们对线程的直接操作变为了对线程的抽象对象的操作。pthread 在排序算法一节中提到过,其实现多线程的操作更多的是直接对 C 函数的使用,稍显笨重,而 NSThread 虽然方便开发者使用,但仍然要对其管理。相对于前两种来说,GCD 和 NSOperation 就显得更加简便和智能,GCD 在使用上非常方便,并且不用对线程进行管理,开发者可以随时任意使用,而 NSOperation 是对 GCD 的面向对象封装,从而更方便在面向对象的开发模式中使用,同时配备 NSOperationQueue,更加方便地对 NSOperation 进行管理,是多线程开发中除了 GCD 之外的优选。前面已介绍了 GCD 的多线程开发,以下主要介绍 NSOperation 在多线程开发中的使用。

NSOperation 是对 GCD 面向对象的封装,在一些用法上可以看出有 GCD 的影子,例如也是将任务加到一个队列中,并且也不用关心具体的线程管理。

其 NSOperation 对象分为两类,一类是系统提供的,一类是自定义的。首先来看一下系统 NSOperation 对象的使用。

```
NSBlockOperation * blockOperation = [NSBlockOperation blockOperationWithBlock:^{
    NSLog(@"execute blockOperation");
}];
[blockOperation start];
```

以及

```
NSInvocationOperation * invocation = [[NSInvocationOperation alloc] initWithTarget:self
selector:@selector(invocationMethod) object:nil];
[invocation start];
```

当程序运行到 start 时,就会执行相应的任务代码,默认是在当前队列执行,在执行到 start 之前,都可以调用 cancel 方法来使其取消执行这个任务。当然上面这两段示例代码并非是多线程异步,而是同步的,NSOperation 多线程要结合 NSOperationQueue 来使用,但不一定是这样。

```
NSBlockOperation * blockOperation = [NSBlockOperation blockOperationWithBlock:^{
    NSLog(@"execute blockOperation00 isMainThread:% d", [NSThread isMainThread]);
}];

for (int i = 1; i < 100; i++) {
    [blockOperation addExecutionBlock:^{
            NSLog (@" execute blockOperation% 02d isMainThread:% d", i , [ NSThread
isMainThread]);
```

```
    }];
  }
[blockOperation start];
```

打印结果如下。

```
execute blockOperation task 04    isMainThread:1
execute blockOperation task 05    isMainThread:0
execute blockOperation task 03    isMainThread:0
execute blockOperation task 08    isMainThread:1
execute blockOperation task 00    isMainThread:0
execute blockOperation task 11    isMainThread:1
execute blockOperation task 06    isMainThread:0
execute blockOperation task 02    isMainThread:0
execute blockOperation task 07    isMainThread:0
execute blockOperation task 13    isMainThread:1
execute blockOperation task 09    isMainThread:0
...
```

可以看到如果添加了多个执行的 block，任务的执行顺序以及所在线程表示使用了多线程异步处理，在不需要引入 NSOperationQueue 的情况下可以用来做一些简单有规律的多线程事务。

NSOperation 还可以设置完成回调，特别是像上面这些添加多个执行任务的情况下可以在所有任务执行完调用 completionBlock，对于开发者来说，这是非常方便的。

除了自动提供的两种 NSOperation，开发者还可以自定义。自定义的 NSOperation 当然要继承 NSOperation，并且重写其 main 方法。main 方法相当于 NSOperation 真正执行的部分，但不一定非要实现。可以假设一下 NSBlockOperation 的 main 方法实现，应该是将其属性 executionBlocks 所包含的所有执行 block 放到一个 NSOperationQueue 中去并发执行；而 NSInvocationOperation 应该是调用[target performSelector...]。

NSOperation 的 main 方法不做任何事，可以在自定义 NSOperation 中实现该方法去执行任务，就像 NSBlockOperation 和 NSInvocationOperation 一样，但是需要注意的是，不能在实现内部调用 super（在 iOS 开发中一般继承父类的方法在重写时都需要调用 super 的同名方法，这保证了继承链的连续性，尽管大多数如此，我们也遇到了一些不需要调用 super 的系统方法，除了这个自定义 NSOperation 的 main 方法，还有 NSObject 的 runtime 方法＋ load 和＋ initialize）。main 方法会被放在一个 NSOperation 提供的自动释放池中自动调用，因此开发者不必在实现内部再添加一个自动释放池。另外关于自定义 NSOperation 还有一点需要注意的是，main 函数不是必须要重写，开发者还有一个选择是通过重写 start 方法并且不调用 super 来完全实现，start 可以被开发者手动调用，还可以放在 NSOperationQueue 中自动调用。

NSOperation 的 cancel 方法，并不是真的去 cancel 这些任务的执行，而是作为一个标志位来表示该操作是否需要取消，因为可能调用该方法时，其任务即将或者已经执行了，尤其在自定义 NSOperation 中在很多情况下需要根据 isCancelled 来判断如果取消的话要做响应的处理，例如某个 NSOperation 的作用是获取某个数据，在其 start 方法中要判断如果已取消则直接 return 不进行任何操作,在其获取到数据后还要判断如果已取消则废弃获取到的数据。

6.7.2 NSOperation

接下来介绍前面已经提到过多次的 NSOperationQueue,之前也提到过 NSOperation 是对 GCD 的封装,所以我们在使用中经常会发现一些共性,以及对这些共性去进行对比。对于 NSOperationQueue 来说,我们也会很自然地想到 dispatch_queue_t,然而与之不同的是,NSOperationQueue 更加对象化,需要更加显式地添加 NSOperation,并且对其数量的控制和执行控制。

根据苹果的官方文档,NSOperationQueue 是控制一系列 NSOperation 对象执行任务的集合类,当一个 NSOperation 被添加到队列中,要么执行完出列,要么被标记为 canceled 出列,标记为 cancel 的操作应该尽快停止其任务的执行,如果已执行则需要在各处判断其 canceled 状态,并标记其为 finished,对于还未执行的任务,队列会调用其 start 方法,因此开发者需要在 start 方法中对其是否取消进行判断,是的话需要设置为 finished 并提前 return。只有标记为 finished 的操作才能被移除队列。在队列中还没被执行的 NSOperation,会根据其优先级和所依赖的 NSOperation 来调整执行顺序,但如果有一个操作被取消,则其涉及的依赖也会被忽略。

maxConcurrentOperationCount 是 NSOperationQueue 比较关键的一个属性,它限定了队列并发执行 operation 的最大个数,默认为 -1,表示会按照系统的硬件资源最大限度地执行并发操作;当设置为 1 时,则可以看作是一个串行队列,只有前一个 operation 执行完才会去执行下一个 operation;如果设置为 2,则会一开始出列两个 operation,执行完一个才会出下一个,确保最多只有两个 operation 在执行。

有意思的是,NSOperationQueue 并不一定是按照先入先出的队列顺序,但这并不代表它是无序的。这需要涉及一个对 NSOperation 状态的逻辑概念,我们知道对于一个 NSOperation 来说,有以下几个属性来表示其状态:isReady, executing, finished 和 cancelled。其中,isReady 这个状态表示操作准备好可以被执行,在为 NO 时,我们可以称之为 Pending 状态,是自创建好就处于的一种未定状态。如果在一个串行队列中,有若干个 NSOperation,并且一开始都是处于 Pending 状态,则其中哪一个 Operation 先达到 ready,则就会被先出列执行,如果存在多个 Operation 变为 ready 状态,则先入队的或者优先级高的那个会被先执行。

NSOperationQueue 的这套处理逻辑是其 Operation 之间设置依赖的基础,如果某个 Operation 没有依赖,则在队列中很快从 Pending 到 ready 状态,如果有依赖,则一直到所依赖的 Operation 都执行完,其才会从 Pending 状态转为 ready 状态。

NSOperation 依赖(Dependency)是一个非常重要的功能,我们可以用它来强调操作执行的顺序,并且依赖能较为完整地描述 Operation 的执行逻辑。例如,在 WWDC2015 中对 NSOperation 的介绍,举了一个简单的例子来描述不同操作间的依赖关系,如图 6-26 所示。

当用户在 WWDC 的 APP 中想要对某个内容进行收藏时,就会触发一系列的 Operation 依赖逻辑。用户添加收藏,需要两个前提条件,一是需要获取用户信息,二是 CloudKit 访问权限,因为收藏内容都是存放在 iCloud 中,并且获取用户信息的前提是用户

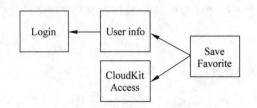

图 6-26　NSOperation 依赖示例

已登录。所以按照如图 6-26 所示的关系添加依赖,就可以保证一整套业务逻辑的实现。当用户单击"收藏"按钮,这一系列的 Operation 都会添加到队列中,并且只有 Login-Operation 和 CloudKit Access-Operation 是处于 ready 状态,User Info-Operation 和 Save Favorite-Operation 仍处于 Pending 状态。Login-Operation 会让用户确保在登录状态下或者重新走一遍登录流程,CloudKit Access-Operation 确保用户拥有对 iCloud 的访问权限。当 Login-Operation 结束,User Info-Operation 会立即处于 ready,并且被执行。当 User Info-Operation 和 CloudKit Access-Operation 都 Finished,Save Favorite-Operation 的两个所依赖操作都完成,Save Favorite-Operation 才会真正执行收藏的操作。

　　可以看到,我们使用 NSOperation 抽象化了我们的逻辑,并且描述了操作之间的关系,这一点很强大,这也是我们在处理复杂业务逻辑时更倾向于使用 NSOperation,而不是 GCD 的原因,如果上面的一套逻辑使用 GCD 来实现,则会显得难以理解,这也正是 NSOperation 相对于 GCD 的优势所在,GCD 更适合用于逻辑性较为简单,纯处理性质的多线程操作。除此之外,NSOperationQueue 的暂停和取消所有 Operation 都是为了更加方便开发者使用的功能,这也是比 dispatch_queue_t 更加完善的功能。还有重要的一点是 Operation 之间的依赖是可以跨队列的,即两个 Operation 在不同的队列中,但依然可以设置它们之间的依赖关系。

本节小结

　　本节介绍了 iOS 最主要的两种多线程处理方案:GCD 和 NSOperation。苹果提供的这两种方案是比较受开发者喜爱的,结合队列的使用,避免了对线程的管理操作,使开发更注重于任务和执行逻辑。相比之下,GCD 适用于轻量级的多线程处理,而 NSOperation 适用于复杂的业务逻辑处理。虽然苹果为开发者提供了这两者方便了多线程的开发,但开发者仍需注意具体的使用场景和选择合适的队列,以及对系统资源的使用情况,例如不能因为系统资源充沛就开任意多个线程执行任务,这将会对其他多线程操作产生影响。另外与多线程息息相关的一个概念就是线程安全问题,对于多线程访问同一对象或资源,应当注意。

6.8　继承与多态

　　面向对象编程语言的一个很大的特点就是采用了封装、继承和多态等设计方法,使我们可以用现实中描述对象和事务的方式来封装成类,不仅可以使数据结构更清晰明了,还能够提高代码的重用性,通过继承和多态等形式还可以增强对象的灵活性和扩展性。

　　C 语言可以看作是高级语言的元老级代表,相对于汇编来说,C 语言已经不需要过于关注指令,更多是关注其数据结构和代码本身,但不属于面向对象语言。真正体现出面向对象特性的是 C++，C++和 C 语言一样拥有极快的运行速度，但在 C++中实现了将数据结构封装为类，并支持继承、重用和多态性。可以说从 C++开始，编程语言走向了面向对象。但任何事物都有两面性，虽然 C++非常强大，也是面向对象语言的基础，所以现在很多的流行语言底层都是基于 C++的，包括 Java、Objective-C 和 Swift，但其本身过于庞大，且支持多继承等一些其他特性，一些以 C++为基础的编程语言有一些使用的是 C++的修改版，例如去掉了多继承和重载，以及指针的使用。

回到 iOS 开发上来，编程语言 Objective-C 和 Swift 都是属于以 C++为底层的面向对象开发语言，而且 Swift 这样的新生语言还支持面向协议开发。语言和设计在不断升级，但对于面向对象来说，继承和多态是历经考验的优秀设计模式，在开发中的使用也是随处可见，能充分利用这样的特性能有效提高开发效率，本节就来介绍一下继承和多态在开发中还可以怎么用。

对于继承，很多 iOS 开发者都特别熟悉，因为在 Objective-C 中，我们创建的类都是要继承自 NSObject 或者其某个子类。子类继承了某个类，就可以直接使用或者重写父类的方法和属性，例如创建一个 UIView 的子类就可以使用- initWithFrame:的初始化方法或者重写(override)，创建一个 UIViewController 的子类就有一个 view 属性，这些场景我们都很熟悉，这也是继承带来重用代码的好处。需要注意的是，C++是支持多继承的，这并不是一个很好的方式，因为对于面向对象来说，需要确定对象的唯一性，因此大多数面向对象开发语言都仅支持单继承，包括 Objective-C 语言，如果需要实现类似多继承的需求，可以通过遵循多个代理来实现，或者在 Swift 中使用更便利的协议来实现。

实际上，多态在开发中也经常会使用到，只不过使用起来没有继承那么明显的步骤，或许只是一两行普通的代码，这也是多态很少被提及的原因。对于多态，很多开发者经常会与一个概念弄混淆，就是重载，所幸现在大部分面向对象语言都不支持重载了，先看一下重载的代码：

```
// 以下是错误示范代码
// Person.h
@interface Person : NSObject
- (void)configAge:(NSInteger)age;
- (void)configAge:(NSNumber *)age;
@end
```

上面简单表示了在 Objective-C 中如果支持重载的写法，实际在 Xcode 中是会报错的，因为方法名重复，都属于"configAge:"，我们希望通过方法来给 Person 实例传 age 时能够以不同的形式，所以构建了两个同名的方法，仅仅是参数类型不同。所幸在 Objective-C 中是不支持重载的，因为如果支持的话会涉及一些重载解析的过程（通过在方法表中按照类型和优先级找出最佳可执行方法，且在必要的时候需要做一些类型转换），并且在以方法名表示时会有不确定性。Swift 中可以实现类似的功能，但却是通过泛型实现的，这与重载并没有关系，只是协议编程的一种。

```
class Person: NSObject {
    func config<T: Comparable>(age: T) {
```

```
        }
    }
```

之所以说重载与多态类似,是因为都涉及一个"同一方法"的问题。重载是相同的方法名,不同类型的参数,往往与面向对象并没什么关系;而多态是与继承相关,是可以用父类类型接收子类实例,并在发送父类方法时会根据具体子类的具体实现而运作。简单地说,将不同的子类对象都当作父类类型来看,这样可以屏蔽不同子类对象之间的差异,写出通用的代码,当调用父类中的方法时会根据其具体子类类型调用子类的实现。

```objc
// Person.h
@interface Person : NSObject
- (void)eat;
@end
@interface Man : Person
@end
@interface Woman : Person
@end

// Person.m
#import "Person.h"
@implementation Person
- (void)eat {
    NSLog(@"person eat");
}
@end

@implementation Man
- (void)eat {
    NSLog(@"man eat");
}
@end

@implementation Woman
- (void)eat {
    NSLog(@"woman eat");
}
@end
```

Man 和 Woman 都是继承自 Person 类,都分别重写了 Person 类的方法-eat,那如何使用才是多态?

```objc
// ViewController.m
- (void)viewDidLoad {
    [super viewDidLoad];
    Person * person1 = [[Man alloc] init];
    Person * person2 = [[Woman alloc] init];
    NSArray * persons = @[person1, person2];
```

```
    for (Person * p in persons) {
        [p eat];
    }
}
```

打印结果如下。

```
man eat
woman eat
```

我们不管对象是 Man 还是 Woman,都用父类 Person 来接收,调用父类方法-eat 时会根据 Man 和 Woman 类中各自实现展现不同的效果,这就是多态。这其实非常简单,相信类似以上的代码,各位读者都接触过,这只是多态的一个小用法,还可以在此基础上再进行扩展。

我们先看一些日常开发中遇到的现象。

```
NSArray * arr = @[@"123"];
NSLog(@"%@", arr.class);
```

很简单的一句代码,创建一个只含一个元素的数组,并打印数组的类型。虽然我们用一个数组类型去接收,但其实我们获取到的并不仅仅是数组,先看一下打印结果:

```
__NSSingleObjectArrayI
```

这是系统的一个私有类,也是 NSArray 的一个子类,是专门存放一个元素的数组。或许读者会有疑问,为何要使用这样一个子类类型? 又为何返回一个这样的数组子类类型? 这两个问题并不重复,可以分别解释一下。

第一个,鉴于数组的结构,我们可以大胆猜测,如果仅有一个元素的话,即使用 NSSingleObjectArrayI 类型,没有必要去做一些其他的计算和操作,例如-count 方法,可以直接返回 1,firstObject 和 lastObject 都直接返回这个值,而不用去计算或者查找,创建这样一个子类是方便用户使用,提高效率之举。第二个问题,我们之所以返回这样一个类型,却用 NSArray 接收,是因为我们根本不需要去关心子类是如何实现的,我们知道的是仍然使用 NSArray 的接口没有任何问题,具体的优化和便捷操作子类会帮我们做好,我们不需要关心。

这是一个很棒的思想,如果说之前的 Person 的例子仅在代码上体现了多态,因为开发者更多的还是关注子类的实现,而 NSArray 的示例则更能从编程思想上体现多态的好处。不需要关心子类的实现而利用其实现,才是多态的精髓所在。

```
NSString * str = @"123";
NSLog(@"%@", str.class);
NSString * str2 = [NSString stringWithFormat:@"%@%@", @"12", @"34"];
NSLog(@"%@", str2.class);
```

类似地,打印结果都是一些私有子类:

```
__NSCFConstantString
NSTaggedPointerString
```

这些系统类对多态的使用是非常好的示范,很值得我们在实际开发中借鉴。假设一种场景,对于某个视图 View,存在若干种状态,每种状态的 View 之间大部分相同,仅仅是有略微的差别,如图 6-27~图 6-29 所示。

图 6-27　示例场景 1

图 6-28　示例场景 2

图 6-29　示例场景 3

如图 6-27~图 6-29 所示,可以很明显看出,这三个 View 是属于同一种视图,但是它们之间会有一些不同。我们在平常的开发中,遇到这种开发任务,会有几个选择:①将所有涉及的子控件都加上,根据状态判断谁显示谁不显示;②直接创建三种不相关的视图;③利用继承和多态。绝大多数开发者都会选择其中一种来实现这种效果,选择哪一种则与开发者的偏好相关。

首先简单分析一下上面介绍的三种做法。第一种,可能是最简单的做法,将所有的子视图都绘出来,根据状态判断某个子视图显示与否是有一些麻烦的,我们要判断相关的几个子视图在某种状态下是否显示,一旦情况多起来,代码里都是判断和显示与否的逻辑,除此之外,对于不应显示的视图,则自始至终都没有创建的必要,所以创建这些无用的视图也会增加内存占用。第二种方式,对于第一种来说,虽然不需要去判断相应子控件的显示,也不用创建无必要的子控件,但是麻烦会很多,因为要创建三个视图类出来,且没有代码复用性,对于有重复子控件的部分应当复用相关代码。而第三种方法正好用来解决这一问题,创建一个包含所有公共子控件的父视图,根据每种状态再继承自该父视图,添加相应状态下的子控件即可,这样一来既解决了代码复用的问题,同时也减弱了不同状态下的显示关联,无须判断某个子控件是否显示。

或许有的开发者认为,按照第三种方式也会显得有些麻烦,因为 n 种状态就要创建 $n+1$ 个类,特别还要涉及命名这些很麻烦的事情,实际上,除去命名,创建一个新类对开发者来说应当被认为是 0 开发成本,最主要的应该是类中的对象创建和管理,通过继承,我们已经复用了绝大部分相同的代码,最后不同的部分则只能根据相应状态下的情况来选择,这是合理的。

到这里,需要注意的是,我们介绍的第三种方式都还是在讲继承,至于多态,需要这么做:将提到的三种子类都设置为私有类。这里可能会有疑问,为何要设置为私有类?关于多态也并没有提到说要将某些类设置为私有类。其实这是参考前面系统的做法,设置为私有类是因为我们继承自父类的子类没有共通性,每种子类只是负责对应某种状态,仅此而已,对于外部来说,我们只需要知道这个父类即可。父类可以提供特定初始化方法,接收一个状态,用于返回对应的子类实例,对外都当作是父类实例看待。所有的 API 都由父类提供,子类可根据自身情况选择重写,调用时会通过多态调用到对应子类的方法。这是多态非常典型的使用场景。

本节小结

在本节中,介绍了面向对象语言的一些特性和历史,以及 iOS 下开发语言中的继承和多态;并且介绍了为什么重载在一些语言中都已经不支持;最后介绍了一种继承和多态的组合使用场景,足以体现其优势和简洁。最后我们需要了解的是,iOS 下的继承和多态的使用其实就是面向接口编程,当然也可以称是为了类簇。

6.9　缓存

缓存在计算机中有很多定义,但作用都很相似,目的是为了方便更快地获取数据,是数据交换的缓冲区。

在硬件方面,缓存(也可以理解为 CPU 缓存)一般相当于硬盘的一种更快的数据获取方式,同时与内存(RAM)也有所不同。访问 RAM 中的数据比硬盘要快许多,而对硬件缓存的访问比 RAM 还要快。一般来说,缓存是当作 RAM 和 CPU 交互的中间人,将 CPU 所需的部分数据备份在缓存中,方便以后更快地使用这些数据。不仅如此,RAM、硬盘、显卡自身都有自己的缓存,作用和 CPU 缓存类似。

我们使用缓存的原因都有一个共同点,就是获取数据的方式过于昂贵,或者速度过慢。对于移动端来说,这个代价就是网络请求很慢,并且会消耗流量和电量。虽然现在人们普遍使用 4G,或者公司的后端优化得足够好,一个请求的时间控制在几十毫秒或几百毫秒,但这相对于读取缓存来说,仍然是太慢太慢。并且请求是需要花费流量和电量的,虽然对于一个请求来说,并不能花费多少流量和电量,但从长远来看,则会积少成多,避免不必要的浪费,是一个高性能 APP 的体现。

在编程语言中,对于缓存其实没有一个特别清楚的定义,缓存的形式多种多样,例如服务端编程语言中,将从数据库获取到的数据存放到 Redis 一份,称为 Redis 缓存;而对于客户端语言来说,缓存仍然存在很多含义。例如对于 iOS 开发来说,缓存可以普遍理解为对网络请求获取到的数据进行存储或持有,也就是说,缓存除了包括数据库、归档、NSUserDefaults 等存储方法外,还包括内存缓存,更甚者,我们创建一个本地临时变量也都可以理解为缓存。(注意,这里说到的缓存都是相对于网络请求的,对于数据库来说,还可以创建一份相对于数据库的内存缓存,避免重复对数据库的访问。)

实际上,可能很少自己去写一些关于缓存方面的东西,但使用的第三方库有很多会使用到缓存机制。例如知名的图片请求缓存框架 SDWebImage,就使用了非常完善的图片缓存机制。下面简单介绍一下 SDWebImage 的工作原理。当我们需要显示图片时,会先显示默认的占位图,然后从内存中查找,找到就直接返回该图片;如果内存中不存在,则会异步从磁盘中读取,如果在磁盘中存在,则返回该图片并同时将其缓存在内存中;如果磁盘中也不存在,就会异步下载该图片到磁盘路径,并缓存到内存中,同时也返回该图片。这是 SDWebImage 对于缓存的基本原理,当然代码还涉及缓存下载、个数限制、过期时间、缓存清理等操作,这些都是配套的缓存机制,不过在这里不做细究,主要的关注点是其内存缓存和磁盘缓存。

对于磁盘缓存的策略主要是以文件的形式进行存储,SDWebImage 的磁盘缓存就是将一个个图片以图片文件的形式存在沙盒目录中,同时文件名是以图片的 URL 进行 MD5 加密获得。

而对于内存缓存,主要有几种方式。其一是设置一个全局字典或链表,手动进行增、删、改、查操作;另外一个是系统提供的专门用于内存缓存的类 NSCache。NSCache 可以缓存任意对象,并能够设置最大缓存个数,在超出个数的情况下会释放最长时间没有被访问的那个。例如,我们设置缓存的 countLimit 个数限制为 5,然后依次存入字符串:"1"、"2"、"3"、"4"、"5",如果这时候再增加一个"6",则会删除"1",但如果在增加"6"之前,访问过一次"1",则增加"6"会导致"2"被删除。

```objc
// ViewController.m
# import "ViewController.h"
@interface ViewController()<NSCacheDelegate>
@property(nonatomic, strong) NSCache * cache;
@end
@implementation ViewController
- (void)viewDidLoad {
    [super viewDidLoad];

    self.cache = [[NSCache alloc] init];
    self.cache.delegate = self;
    self.cache.countLimit = 5;

    [self save:@1key:@"data1"];
    [self save:@2key:@"data2"];
```

```
        [self save:@3key:@"data3"];
        [self save:@4key:@"data4"];
        [self save:@5key:@"data5"];
    }

    - (void)touchesBegan:(NSSet < UITouch * > * )touches withEvent:(UIEvent * )event {
        [super touchesBegan:touches withEvent:event];
        [self save:@6key:@"data6"];
    }

    - (void)save:(id)obj key:(NSString * )key {
        [self.cache setObject:obj forKey:key];
        NSLog(@"save % @", obj);
    }

    - (void)cache:(NSCache * )cache willEvictObject:(id)obj {
        NSLog(@"evict % @", obj);
    }
@end
```

NSCache 有一个协议 NSCacheDelegate,这个协议只有一个方法-cache:willEvictObject:,该方法是当添加缓存个数超出限制时可能会触发的。为什么说"可能会"？因为这个缓存个数限制并不是严格的。在上面的示例代码中,设置了 NSCache 的缓存个数为 5 个,并一次性向其中存放了 6 个缓存数据,这些数据都是键值相同的。打印结果如下。

```
save 1
save 2
save 3
save 4
save 5
evict 1
save 6
```

可以看到,如果需要存放第 6 个缓存数据,需要先删除一个。是否一定会从头开始呢？我们将上面代码的添加缓存数据进行修改:

```
[self save:@1key:@"data1"];
[self save:@2key:@"data2"];
[self save:@3key:@"data3"];
[self save:@4key:@"data4"];
[self save:@5key:@"data5"];
id obj = [self.cache objectForKey:@"data1"];
[self save:@6key:@"data6"];
```

我们模拟了这样一种场景,在 NSCache 中缓存个数已满的情况下,先访问 key 为@1 的缓存数据,表示这个数据最近被使用过,再添加@6,这样会导致什么情况呢？

```
save 1
save 2
save 3
save 4
save 5
evict 2
save 6
```

可以发现与之前的打印结果不同,这次不是删除第一个元素,而是删除了第二个元素,因此这就是我们一开始所说的,会删除最长时间没有被访问的那个缓存元素。

那么对于 NSCache 来说,这是系统为我们提供的一个临时存储缓存的类,可以看作一个存放键值对的集合,有些类似于字典,不过 NSCache 为我们提供了添加、移除数据和缓存溢出删除(驱逐)的机制,尤其是这个溢出删除的机制,保证了我们的缓存不会存放太多的数据,从而不会出现为了提升性能使用缓存而造成内存使用过多的情况。

说到 NSCache,就不得不提到与其相关的一个协议 NSDiscardableContent,这是一个在 NSObject.h 中的协议,实现该协议的对象会采取一种类似于 ARC 引用计数的机制,存在一个计数的概念,如果该对象正在被读取或者仍然被需要,则这个计数会一直大于 0,否则为 0,表示在内存资源紧张时会被释放。我们先看一下 NSDiscardableContent 协议的几个方法:

```
@protocol NSDiscardableContent
@required
- (BOOL)beginContentAccess;
- (void)endContentAccess;
- (void)discardContentIfPossible;
- (BOOL)isContentDiscarded;
@end
```

第一个方法在我们要使用某个缓存数据之前使用,会使访问计数加 1,不会被缓存释放;当访问结束调用第二个方法时会使访问计数减 1;第三个方法在 NSCache 个数超出最大情况下清除某个缓存时,或者 NSCache 设置 evictsObjectsWithDiscardedContent 为 YES 时调用,可以在此时做一些资源情理的工作;第四个方法是手动判断当前缓存是否应当被废弃,例如缓存的时间已经过久,不再具有使用价值。其中前两个协议方法是组合使用,防止在缓存数据的访问中被释放,后两个方法是判断缓存数据是否可用,以及被废弃前的处理操作。需要注意的是,缓存被废弃不一定会被销毁,所以在使用第一个方法时应当判断当前缓存内容是否有效。

例如上面的示例代码,MyData 类实现 NSDiscardableContent 协议,那么从缓存中取键为"data2"的数据对象时,如下。

```
MyData * data22 = [self.cache objectForKey:@"data2"];
```

如果 MyData 实现的-(BOOL)isContentDiscarded 方法返回 YES,则 data22 不为空,相反,如果为 NO 的话 data22 则为 nil。

  举一个缓存的使用场景,还是经常谈到的 UITableView 的 cell 高度问题,前面有内容提到过,关于不定高度 cell 的处理方式有很多,使用 AutoLayout 动态行高虽然方便,但仍然不比用 Frame 计算,但由于 UITableView 自身机制的原因,对于复杂的 cell 在滑动效果上,采用计算好的高度值远比用 AutoLayout 要明显好很多。很多情况下,对于手动算高得到的高度,需要将其缓存起来,进一步提高效率。而在缓存策略上,使用 NSCache 就会非常适合,首先可以设置缓存的个数,防止缓存过多的数据,其次还可以根据内容选择性缓存,以及处理缓存废弃。

  假设我们正在做一款聊天应用,在聊天页面,每一条消息都是一个 cell,这个页面的消息可能会有很多,成百上千,并且消息内容都不尽一致,我们需要做很多操作来保障这个页面尽可能的优化。假设要做的有三点:①根据消息内容计算高度并缓存;②如果页面的消息个数最多为 500 条,其后每再增加 100 条,将前 100 条消息释放;③设置缓存有效期为 10 分钟。

  首先设计消息类:

```
    // Message.h
#import <Foundation/Foundation.h>
@interface Message : NSObject
@property (nonatomic, assign, readonly) BOOL isExpired;
@end
```

  暂且忽略消息的其他字段,只需要关注这个 isExpired 字段,其返回值实现是根据消息时间戳判断是否在 10 分钟内。

  为了更好地表示 cell 的高度,我们专门创建了一个类,并且实现了 NSDiscardableContent 协议:

```
// MessageHeight.h
#import <UIKit/UIKit.h>
#import "Message.h"
@interface MessageHeight : NSObject<NSDiscardableContent>

@property(nonatomic, assign, readonly) CGFloat height;
@property(nonatomic, weak) Message * message;

@end

// MessageHeight.m
#import "MessageHeight.h"
@interface MessageHeight()
@property(nonatomic, assign, readwrite) CGFloat height;
@end

@implementation MessageHeight
- (void)setMessage:(Message * )message {
    _message = message;
    // compute height according to message
```

```
        self.height = ....
}

- (BOOL)beginContentAccess {
    return !self.message.isExpired;
}

- (void)endContentAccess {

}

- (void)discardContentIfPossible {

}

- (BOOL)isContentDiscarded {
    return self.message == nil;
}
@end
```

该类中，有一个弱持有的 message，是为了不持有消息对象，当消息个数达到上限时，在其手动释放前一百个消息后，使这里的 message 属性置为 nil。并重写了 message 属性的 setter 方法，在 setter 时，根据消息内容，计算出高度，并赋值给 height 属性。在实现的 NSDiscardableContent 协议方法中，先看第四个方法-(BOOL)isContentDiscarded，缓存被取出时会被系统调用，在这里如果其弱引用的 message 被释放了，则其内容自然是无意义的，应当被丢弃，如果返回 YES，再根据第一个方法判断这个消息是否过期，相当于第四个方法是从客观角度判断消息是否可用，而第一个方法是从主观角度判断其是否可用。

至此，对于 NSDiscardableContent 协议，在本例中有了很好的使用。具体在控制器中的所有代码如下。

```
// ChatViewController.m
# import "ChatViewController.h"
# import "MessageCell.h"
# import "Message.h"
# import "MessageHeight.h"

@interface ChatViewController()

/** 高度缓存 */
@property(nonatomic, strong) NSCache *cellsHeightCache;
/** 消息对象数组 */
@property(nonatomic, strong) NSMutableArray *messagesArray;

@end

@implementation ChatViewController
```

```objc
- (void)viewDidLoad {
    [super viewDidLoad];

    self.cellsHeightCache = [[NSCache alloc] init];
    self.cellsHeightCache.countLimit = 500;

    self.messagesArray = [NSMutableArray new];
    // self.messagesArray get some data from somewhere

    [self.tableView registerClass:MessageCell.self forCellReuseIdentifier:@"MessageCell"];
}

#pragma mark - UITableViewDelegate & UITableViewDataSource
- (NSInteger)tableView:(UITableView *)tableView numberOfRowsInSection:(NSInteger)section {
    return self.messagesArray.count;
}


- (CGFloat)tableView:(UITableView *)tableView heightForRowAtIndexPath:(NSIndexPath *)indexPath {
    MessageHeight *cacheHeight = [self.cellsHeightCache objectForKey:indexPath];
    if (cacheHeight && [cacheHeight beginContentAccess]) {
        CGFloat height = cacheHeight.height;
        [cacheHeight endContentAccess];
        return height;
    }

    Message *message = self.messagesArray[indexPath.row];
    MessageHeight *messageHeight = [MessageHeight new];
    messageHeight.message = message;

    [self.cellsHeightCache setObject:messageHeight forKey:indexPath];
    return messageHeight.height;
}

- (UITableViewCell *)tableView:(UITableView *)tableView cellForRowAtIndexPath:(NSIndexPath *)indexPath {
    MessageCell *cell = [tableView dequeueReusableCellWithIdentifier:@"MessageCell" forIndexPath:indexPath];
    Message *message = self.messagesArray[indexPath.row];
    [cell configUI:message];
    return cell;
}
@end
```

以上介绍了 NSCache 和 NSDiscardableContent 协议，以及对它们的使用。其实对于缓存来说，如何缓存，以及如何废弃，这是一个很值得研究的话题，缓存存在很多算法：LFU(Least Frequently Used)、LRU(Least Recently User)、2Q(Two Queues)都是比较知名的缓存算法，至于使用哪一种缓存算法，没有最好的，只有最适合的，需要根据实际开发中对缓存的使用策略来决定。

本节小结

（1）了解缓存在计算机语言中所表示的含义；

（2）对于 iOS 开发来说，系统提供的 NSCache 是一种非常方便的缓存工具，配合 NSDiscardableContent 协议，可以实现非常强大的缓存方案。

6.10　字数限制

在 UITextView 输入文本的某些情景中，根据产品的设定，会有对字数限制的需求，例如，在意见反馈的页面或者发表状态的页面。控制字数的需求一方面是考虑到服务器的字段长度设置，二是防止用户发送过多无意义的文字信息。我们暂且不讨论对 UITextView 字数限制的优缺点，在本节中只讨论该需求的技术实现。

如果读者没有踩过这方面的坑的话，可能会觉得这个其实很简单，在 UITextViewDelegate 中提供了很多代理方法，只需要在这些代理方法中对字数进行判断即可，如果字数达到限制，则不采用用户继续输入的文本。更有一些情况不对 UITextView 进行字数限制，而是换一种间接限制的方案，例如在 UITextView 的底部加上提示性文字，当用户超出字数时提示超出多少字，并限制用户的下一步操作，有些开发者认为这也是一种解决方案。但实际上以上举例的两种方案都不大妥当，是有一些问题的。

先来创建一个 demo，效果如图 6-30 所示。

图 6-30　输入框 demo 效果展示

上面一个 UITextView,其右下角有一个显示当前字数和总字数的 UILabel,我们先采用非常简单的做法来实现对字数的控制。代码如下。

```
// ViewController.m
#import "ViewController.h"
@interface ViewController()<UITextViewDelegate>
@property(nonatomic, strong) UITextView * textView;
@property(nonatomic, strong) UILabel * numLabel;
@end

@implementation ViewController
- (void)viewDidLoad {
    [super viewDidLoad];

    self.textView = [[UITextView alloc] initWithFrame:CGRectMake(0, 20,
CGRectGetWidth([UIScreen mainScreen].bounds), 300)];
    self.textView.backgroundColor = [UIColor cyanColor];
    self.textView.delegate = self;
    [self.view addSubview:self.textView];

    self.numLabel = [[UILabel alloc] initWithFrame:CGRectMake(0, 350,
CGRectGetWidth([UIScreen mainScreen].bounds), 50)];
    self.numLabel.textAlignment = NSTextAlignmentRight;
    self.numLabel.textColor = [UIColor blackColor];
    self.numLabel.font = [UIFont systemFontOfSize:17];
    self.numLabel.text = @"0/20";
    [self.view addSubview:self.numLabel];
}

#pragma mark - UITextViewDelegate
- (void)textViewDidChange:(UITextView * )textView {
    if (textView.text.length > 20) {
        textView.text = [textView.text substringWithRange:NSMakeRange(0, 20)];
    }
    self.numLabel.text = [NSString stringWithFormat:@"%zd/20", textView.text.length];
}
@end
```

我们只实现了 UITextViewDelegate 的 textViewDidChange 代理方法,每当文本框中文字有变化时,都会触发这个方法。在这个方法中,我们判断当前字数的个数是否大于 20 个,当超过 20 个时,将只截取到第 20 位。从逻辑上来讲似乎并没有什么问题,如果将这部分代码运行到模拟器上,也可能正常运行。实际上这是有两个比较严重的 bug。第一就是国人使用的是中文,打字也以中文拼音为主,在此场景下,我们举个实际的例子来说,假如我们的文本已经输入了 19 个字,并且也只需要再输入一个字就行,此时这最后一个字如果需要两个或以上字母才能拼出来的话,那么这个字是打不出来的,效果如图 6-31 所示。

文本摘自《桃花源记》,原文是:晋太元中,武陵人捕鱼为业。缘溪行,忘路之远近。忽逢桃花林…

图 6-31　输入框中文输入问题

　　可以看到当输到"路"时,已经 19 个字了,此时还需要输入一个"之"字,但却发现只能输入一个字母了,也就是"之"的拼音第一个字母"z",可能你会说,即使不能拼全,根据键盘的提示也能找出"之"字来,但是遗憾的是,这样做并不可以,因为"之"字是需要替换输入框中"zhi"的三个字母,即使输入框中只有一个"z",系统也会很快补全,并进行替换,然而由于我们的设置,系统并不能完成补全操作,因此也就无法替换了。

　　刚刚提到,除了中文的限制,还有一个问题是这样做会产生潜在的 crash。假设不是输入中文,还是输入英文,那么在输入到第 20 个字符时,在文本中间插入几个字母,会导致文本的后段部分被截取,这似乎不是我们的初衷,因为我们想的可能是不允许用户再能对其输入。并且这样做的话,如果摇晃手机进行撤销,由于系统记录了之前的文本,但没有考虑到我们对文本进行了删除,这样就会造成系统对一个不满 20 长度的字符串进行截取到 20 位,这当然会引起崩溃。并且这一套逻辑是由系统的 NSUndoManager 实现的,并没有走我们的代理方法。

　　在 UITextViewDelegate 的方法中,以下两个是比较关键的方法。

```
- ( BOOL ) textView: ( UITextView * ) textView  shouldChangeTextInRange: ( NSRange ) range
replacementText:(NSString * )text;
- (void)textViewDidChange:(UITextView * )textView;
```

　　第一个方法,在输入时会触发,包括输入和删除字符串,甚至是粘贴过来的,当然下面的方法也同样会触发,但是第一个方法需要返回一个 BOOL 值,一般用于控制输入,而第二个方法用于对变化后的文本做调整。但是如果我们对第一个方法进行简单的限制后：

```
- ( BOOL ) textView: ( UITextView * ) textView shouldChangeTextInRange: ( NSRange ) range
replacementText:(NSString * )text {
    if (textView.text.length >= 20) {
        return NO;
    }
    return YES;
}
```

这样仍然会存在输入 19 个字后，如果最后一个字需要多个字母组成的拼音，则拼的时候只能输出第一个字母，因为在输入的过程中，选中的拼音部分是占用总个数的。并且还有一个需要注意的地方，因为删除也是会触发这个方法的，只不过删除时参数 text 是长度为 0 的空字符串，所以还需要考虑这种情况。到这里，读者应该明白其实这里关于字符串个数限制的文本输入其实并不简单。那如何真正去实现这种需求，而避免刚刚提到的些许问题呢？

首先定义一个最大字数的宏：

```
# define MaxTextCount 20
```

方便我们后期做动态的调整。回顾一下首先需要解决的问题：在中文拼音输入时，不需要限制，底下的 label 显示的个数，也不会随着拼音输入而变化。要做到这一点，需要在输入拼音时，对拼音选中部分的标记文本进行获取和处理。在 UITextView 中，获取标记文本是通过其遵循的协议 UITextInput 属性 markedTextRange，而这个属性也遵循着其他的协议，包括< UITextInputTraits >和< UITextInputTraits >，这些都包含对输入文本以及键盘的处理。UITextField 同样也遵循这些协议。我们先来看代码：

```
- ( BOOL ) textView: ( UITextView * ) textView shouldChangeTextInRange: ( NSRange ) range
replacementText:(NSString * )text {
    UITextRange * selectedRange = [textView markedTextRange];
    UITextPosition * pos = [textView positionFromPosition:selectedRange.start offset:0];

    if (selectedRange && pos) {
        NSInteger startOffset = [textView offsetFromPosition: textView.beginningOfDocument
toPosition:selectedRange.start];
        if (startOffset < MaxTextCount) {
            return YES;
        } else {
            return NO;
        }
    }

    NSString * comcatstr = [ textView.text stringByReplacingCharactersInRange: range
withString:text];

    NSInteger caninputlen = MaxTextCount - comcatstr.length;
```

```
        if (caninputlen >= 0) {
            return YES;
        } else {
            NSInteger len = text.length + caninputlen;
            NSRange rg = {0, MAX(len,0)};
            if (rg.length > 0) {
                NSString * s = [text substringWithRange:rg];
                    [textView setText:[textView. text stringByReplacingCharactersInRange: range
withString:s]];
                    self. numLabel. text = [NSString stringWithFormat: @" % d/ % ld", 0, (long)
MaxTextCount];
            }
            return NO;
        }
}
```

　　首先找出当前 textView 是否处于中文的连输入状态,通过 markedTextRange 来获取到当前拼字的 range 范围,并且将这个 range 转为 UITextPosition,由于在文本输入中,文本可能会嵌套元素,或者对字符的处理都比较消耗性能,所以对其中的文本位置表示用对象更好。如果判断出当前正处于中文拼写状态,则需要找出拼写的起始位置,只要起始位置在限制范围内,都随意拼,反之如果超出或者恰好达到最大范围,则 return NO,表示不接受输入了。至于输入后不满足需求,我们在另一个代理方法 textViewDidChange 中处理,至少在当前代理方法中是满足规范的,这两个代理方法,一个处理输入确定前,一个处理输入确定后,相互搭配,才能实现真正的功能。

　　处理完了中文问题,接着看对于一般性输入,需要控制长度。我们声明一个变量comcatstr 用于模拟接收输入后的最终字符串,并得出还可输入的个数,如果我们假设的这个字符串没有超过限制个数,则表明这个字符串输入是合法的,反之需要获取超出的范围,并将超出的字符直接截去。这里有个很有意思的事情,在 iOS 9 中及其之前,-(BOOL) textView:(UITextView *) textView shouldChangeTextInRange:(NSRange) range replacementText:(NSString *)text 方法在中文联想输入时不会触发,比如在 iOS 9 的机器上输入"白日依山尽"之后,键盘联想出"黄河入海流",单击联想词语,并不会触发当前方法。但之后的 iOS 系统都能在此情况下响应,所以如果你的项目支持到 iOS 9,那么在此需要稍作留意。不过在我们的示例代码中,这并不会有多大影响,因为还有对 textViewDidChange 方法的处理,过多的字符串将直接被截去。

```
- (void)textViewDidChange:(UITextView * )textView {
    UITextRange * selectedRange = [textView markedTextRange];
    UITextPosition * pos = [textView positionFromPosition:selectedRange. start offset:0];

    if (selectedRange && pos) {
        return;
    }

    NSString * nsTextContent = textView.text;
```

```
        NSInteger existTextNum = nsTextContent.length;
        if (existTextNum > MaxTextCount) {
            NSString * s = [nsTextContent substringToIndex:MaxTextCount];
            [textView setText:s];
        }
            self.numLabel.text = [NSString stringWithFormat:@"%ld/%d", existTextNum,
    MaxTextCount];
    }
```

同样先判断是否处于中文输入拼音的情况，如果是，则不做任何处理，包括不变化显示字的总个数。如果是一般性输入，则很简单，只要超过，就将多余的字符截去。

这两个代理方法相辅相成，分别处理了文本输入中的确定前和确定后，一个做限制，一个做处理，可以说，这样做避免了绝大多数的 bug。

然而，到此处还是有问题的，并不是上面的代码写得有问题，而是一开始我们没有考虑到的，就是在用户输入 emoji 表情时，有可能会出现占用两个字符的情况。我们知道在 iOS 的 emoji 表情中，有可能占用一个字节，也有可能占用两个字节，但从用户角度看，emoji 应当作为一个字符来看待。不仅如此，如果在上面的情形下，假设限制为 20 的 textView 已经输入了 19 个字符，此时再输入一个 emoji 表情，则并没有出现 emoji 表情，而是一个乱码。

所以还需要对 emoji 表情做处理，但 emoji 表情有着复杂的情况，因为 emoji 表情可能占一位、两位或者三位，并且对于移动端来说，可能需要兼容 iOS 和 Android 两个平台，也就是说需要某些情况下兼容安卓的 emoji，这是很让人头疼的，并且对于后端数据库存储来说，可能有不兼容存储 emoji 表情的情况，所以很多开发者的做法是不兼容 emoji，但 emoji 复杂而又繁多，而且还在一直增加，屏蔽 emoji 并不是一个万全的做法。

对于用户来说，似乎不大理解为什么输入了一个表情，字数会增加不止 1，这是可以理解的，所以就会提出需求：当用户输入一个 emoji 表情，应当看作只占一位。这肯定是可以做到的，因为毕竟删除时恰好删除的也是一个 emoji。对于 NSString 来说，有这样一个方法，可以计算字符串的"实际长度"，这个实际长度就是将 emoji 看作一个字符，方法如下。

```
- (void)enumerateSubstringsInRange:(NSRange)range options:(NSStringEnumerationOptions)opts
usingBlock:(void (^)(NSString * _Nullable substring, NSRange substringRange, NSRange
enclosingRange, BOOL * stop))block NS_AVAILABLE(10_6, 4_0);
```

这实际是字符串的枚举方法，将字符串按照特定的选项来遍历每一个子串。其中，参数 opts 的类型 NSStringEnumerationOptions 有一个是 NSStringEnumerationByComposedCharacterSequences，这个 option 就是用于实现将一个个 emoji 看作一个整体，遍历一次。例如，以下示例代码：

```
NSString * aaa = @"??123";
__block NSInteger cLength = 0;
[aaa enumerateSubstringsInRange:NSMakeRange(0, aaa.length) options:NSStringEnumerationByComposed
CharacterSequences usingBlock:^(NSString * _Nullable substring, NSRange substringRange,
NSRange enclosingRange, BOOL * _Nonnull stop) {
```

```
        cLength++;
    }];
    NSLog(@"length = %zd", aaa.length);
    NSLog(@"cLength = %zd", cLength);
```

我们通过__block 修饰的一个外部变量 cLength 来记录字符串遍历的次数,用以表示其字符数目。打印结果如下。

```
length = 5
cLength = 4
```

可以看到,length 是正常的字符串长度,将 emoji 表情的长度看作两位,而我们通过计算得到字符串的遍历次数是 4,也就是说 emoji 表情是当作一位看待的,这是比较符合我们的预期。因此可以将方法抽出来为 NSString 的一个类别:

```objc
@interface NSString(CLength)
- (NSUInteger)c_length;
@end

@implementation NSString(CLength)
- (NSUInteger)c_length {
    __block NSUInteger l = 0;
    [self enumerateSubstringsInRange:NSMakeRange(0, self.length) options:NSStringEnumeration
ByComposedCharacterSequences usingBlock:^( NSString * _Nullable substring, NSRange
substringRange, NSRange enclosingRange, BOOL * _Nonnull stop) {
        l++;
    }];
    return l;
}
@end
```

这样一来,在原来的案例中,就可以将所有涉及使用 length 的地方替换为 c_length。

```objc
// ViewController.m
#import "ViewController.h"
#import "NSString + Tool.h"

@interface ViewController()<UITextViewDelegate>
@property(nonatomic, strong) UITextView * textView;
@property(nonatomic, strong) UILabel * numLabel;
@end

@implementation ViewController
#define MaxTextCount 20

- (void)viewDidLoad {
    [super viewDidLoad];
```

```objc
    self.textView = [[UITextView alloc] initWithFrame:CGRectMake(0, 20,
CGRectGetWidth([UIScreen mainScreen].bounds), 300)];
    self.textView.backgroundColor = [UIColor cyanColor];
    self.textView.delegate = self;
    [self.view addSubview:self.textView];

    self.numLabel = [[UILabel alloc] initWithFrame:CGRectMake(0, 350,
CGRectGetWidth([UIScreen mainScreen].bounds), 50)];
    self.numLabel.textAlignment = NSTextAlignmentRight;
    self.numLabel.textColor = [UIColor blackColor];
    self.numLabel.font = [UIFont systemFontOfSize:17];
    self.numLabel.text = [NSString stringWithFormat:@"0/%zd", MaxTextCount];
    [self.view addSubview:self.numLabel];
}

#pragma mark - UITextViewDelegate
- (BOOL)textView:(UITextView *)textView shouldChangeTextInRange:(NSRange)range
replacementText:(NSString *)text {
    UITextRange *selectedRange = [textView markedTextRange];
    UITextPosition *pos = [textView positionFromPosition:selectedRange.start offset:0];

    if (selectedRange && pos) {
        NSInteger startOffset = [textView offsetFromPosition:textView.beginningOfDocument
toPosition:selectedRange.start];
        NSInteger endOffset = [textView offsetFromPosition:textView.beginningOfDocument
toPosition:selectedRange.end];
        NSRange offsetRange = NSMakeRange(startOffset, endOffset - startOffset);

        if (offsetRange.location < MaxTextCount) {
            return YES;
        } else {
            return NO;
        }
    }

    NSString *comcatstr = [textView.text stringByReplacingCharactersInRange:range
withString:text];

    NSInteger caninputlen = MaxTextCount - comcatstr.c_length;

    if (caninputlen >= 0) {
        return YES;
    } else {
        NSInteger len = text.c_length + caninputlen;
        NSRange rg = {0, MAX(len,0)};
        if (rg.length > 0) {
            NSString *s = [text substringWithRange:rg];
            [textView setText:[textView.text stringByReplacingCharactersInRange:range
withString:s]];
```

```
                    self.numLabel.text = [NSString stringWithFormat:@"%d/%ld",0,(long)
MaxTextCount];
        }
        return NO;
    }
}


- (void)textViewDidChange:(UITextView *)textView {
    //获取高亮部分
    UITextRange *selectedRange = [textView markedTextRange];
    UITextPosition *pos = [textView positionFromPosition:selectedRange.start offset:0];

    //如果在变化中是高亮部分在变,则不需要计算字符
    if (selectedRange && pos) {
        return;
    }

    NSString *nsTextContent = textView.text;
    NSInteger existTextNum = nsTextContent.c_length;

    if (existTextNum > MaxTextCount) {
        //截取到最大位置的字符
        NSString *s = [nsTextContent substringToIndex:MaxTextCount];
        [textView setText:s];
    }

    //不显示负数
    self.numLabel.text = [NSString stringWithFormat:@"%ld/%d", existTextNum,
MaxTextCount];
}

@end
```

这样一来,已经完全达到我们想达到的效果了:汉语拼音时不计入字数统计,兼顾 iOS 8＋,以及对 emoji 的统计处理。

另外,之前有提到过,有些服务端的数据库对 emoji 尚不支持,所以会让前端开发者去屏蔽 emoji,但前面也说到,屏蔽 emoji 是不严谨的,而且 emoji 是一直在扩充的。这里提供另外一种方法。

```
NSString *aaa = @"·123";

NSData *aData = [aaa dataUsingEncoding:NSNonLossyASCIIStringEncoding];
NSString *bbb = [[NSString alloc] initWithData:aData encoding:NSUTF8StringEncoding];
NSLog(@"bbb: %@", bbb);

NSData *bData = [bbb dataUsingEncoding:NSUTF8StringEncoding];
```

```
NSString * ccc = [[NSString alloc] initWithData:bData encoding:NSNonLossyASCIIStringEncoding];
NSLog(@"ccc: %@", ccc);
```

打印结果如下。

```
bbb: \ud83d\ude0a123
ccc: ■123
```

我们将带有 emoji 表情的字符串转化为 NSNonLossyASCIIStringEncoding 编码形式的字符串，这样在后端数据库不支持的情况下就可以存储。其不足之处是在上传之前需要做一次转换，从服务端获取后显示之前需要再做一次转换。

本节小结

本节以一个常见的开发场景，实现了对 UITextView 限制输入字数。有如下几点需要注意。

（1）自带输入法中，由于中文输入的特殊性，会在使用拼音时用字母和空格占位，需要忽略中文正在拼写，需要注意的是，很多第三方输入法在输入中文时都是拼写完才添加到输入框中。

（2）对于含有 emoji 的字符串，会占多个长度，可以通过 NSStringEnumerationByComposedCharacterSequences 的遍历方式来得到字符串的字符个数。

（3）如果服务端数据库并不支持 emoji 表情，可以将其转码为 NSNonLossyASCIIStringEncoding 形式的字符串，展示时再转回 NSUTF8StringEncoding。

参 考 文 献

[1] Matt Galloway. 编写高质量 iOS 与 OS X 代码的 52 个有效方法[M]. 爱飞翔,译. 北京：机械工业出版社,2014.

[2] Gaurav Vaish. High Performance iOS Apps[M]. USA：O'Reilly Media,2016.

[3] Apple Inc. Apple Developer Documentation[S/OL]. https：//developer. apple. com/documentation/.

[4] 黄文臣. iOS 编译过程的原理和应用［R/OL］. http：//blog. csdn. net/hello _ hwc/article/details/53557308/.

[5] Jaminzzhang. 由 App 的启动说起[R/OL]. http：//oncenote. com/2015/06/01/How-App-Launch/.

图 书 资 源 支 持

感谢您一直以来对清华版图书的支持和爱护。为了配合本书的使用,本书提供配套的资源,有需求的读者请扫描下方的"书圈"微信公众号二维码,在图书专区下载,也可以拨打电话或发送电子邮件咨询。

如果您在使用本书的过程中遇到了什么问题,或者有相关图书出版计划,也请您发邮件告诉我们,以便我们更好地为您服务。

我们的联系方式:

地　　址:北京海淀区双清路学研大厦 A 座 707

邮　　编:100084

电　　话:010－62770175－4604

资源下载:http://www.tup.com.cn

电子邮件:weijj@tup.tsinghua.edu.cn

QQ:883604(请写明您的单位和姓名)

用微信扫一扫右边的二维码,即可关注清华大学出版社公众号"书圈"。

资源下载、样书申请

书 圈